沈溪文库

马俊茹 著

阳光轻抚，
梦想萌芽

江西教育出版社
JIANGXI EDUCATION PUBLISHING HOUSE

图书在版编目（ＣＩＰ）数据

阳光轻抚，梦想萌芽 / 马俊茹著. — 南昌：江西教育出版社，2017.6
（悦读文库）
ISBN 978-7-5392-9483-4

Ⅰ．①阳… Ⅱ．①马… Ⅲ．①故事－作品集－中国－当代 Ⅳ．①I247.81

中国版本图书馆 CIP 数据核字(2017)第 092509 号

阳光轻抚，梦想萌芽
YANGGANG QINGFU MENGXIANG MENGYA

马俊茹 著

江西教育出版社出版

(南昌市抚河北路 291 号　　邮编：330008)
各地新华书店经销
新乡市龙泉印务有限公司印刷
720mm×1000 mm　　16 开本　　13 印张　　字数 180 千字
2017 年 10 月第 1 版　　2018 年 11 月第 3 次印刷
ISBN 978-7-5392-9483-4
定价：26.00 元

赣教版图书如有印装质量问题，请向我社调换　电话：0373-5591988
投稿邮箱：JXJYCBS@163.com　　　电话：0791-86705643
网址：http://www.jxeph.com

赣版权登字-02-2017-514
版权所有　侵权必究

第一辑
心有蓝莲花

会飞的苍耳 /2
你有什么资本打破人生的瓶颈 /4
远方的呼唤 /6
会唱歌的葵花籽 /9
给你的阳光一样多 /11
枕一片秋声入梦 /13
享受那份孤寒 /15
岁月里的坚守 /17
绽放生命的色彩 /19
真正影响光辉的是灯盏里的油 /21

微笑着打败生活 /24
心灵的呼吸 /27
做一朵微笑的小花 /29
素念心安 /31
做自己，最重要 /33
叫停那份胆怯 /35
有一种痛叫成长 /38
不急不慌，走在路上 /41
小人物的力量 /44
草长莺飞二月天 /47
生命，自是一团飞絮 /49
敢于做自己 /51
母亲的哲学 /53
慢人生 /55

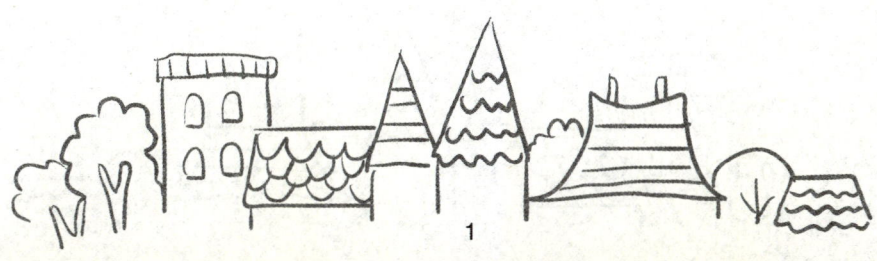

第二辑
淡淡乡野风

乡村三月 /58
遥远的村落 /61
晚荷 /63
炊烟里的春天 /66
弯弯的月亮 /69
一条鱼的盛宴 /72
熟悉的味道 /75
远近一幅画 /78
呼唤 /81
老人鸟 /84
母亲呵，母亲 /87

失语的河流 /92
拥抱母亲 /94
母亲的呼唤 /97
奶，拍照 /100
最美的姿势 /102
麦子熟了 /105
草莓荔枝 /108
只想听听你的声音 /111
萝卜心 /114
秋 /117
哦，父亲 /120
冬日的老街 /124
瓜蔓 /127
蛙声 /130

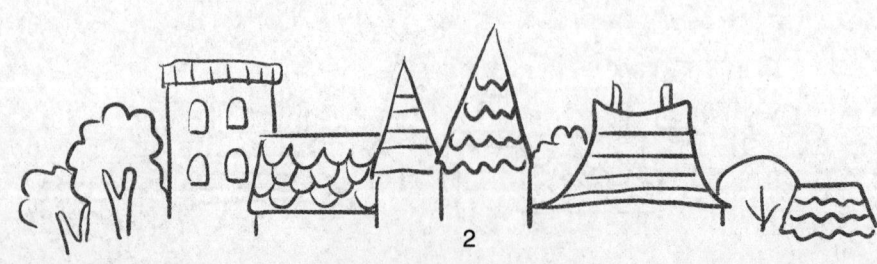

雪纷纷 /133　　悄悄地提醒 /164
红红的夏天 /137　　微笑着和这个世界讲和 /166
古木苍凉 /141　　时光里的一条鱼 /169
飘动的方头巾 /144　　青春的风跑过四季 /171
老父亲 /147　　手掌轻扬：云在上 /173
土地谣 /150　　留一份馨香给自己 /176
　　远行如客 /179

第三辑　　雨 /182
云上轻歌　　在琴键上飞的少年 /185
　　那些光辉灿烂的词人 /188
一朵花开的时间 /154　　清晨飘荡的歌声 /191
那些爱情的伤 /157　　那些朦胧的情事 /194
给疼痛以深情的拥抱 /159　　生活要有一点小清新 /197
年是一朵幸福的流云 /162　　南湖印雪 /200

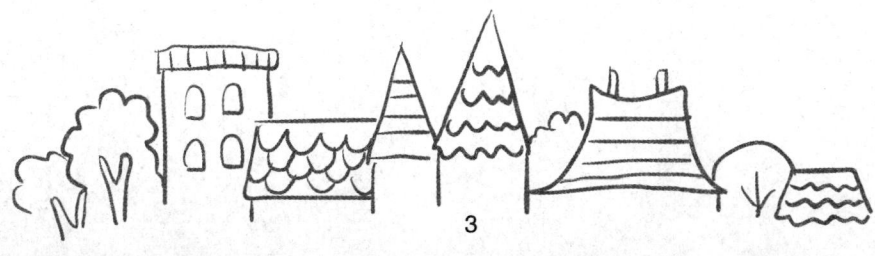

第一辑

心有蓝莲花

阳光轻抚，
梦想萌芽

会飞的苍耳

到更远的地方。

——苍耳

一片叶子带来了秋天。天空就像遥远的一个梦，几朵云如撕碎的棉絮般悠闲地高挂在那里。风声似乎从很远的地方赶来，伴着阵阵喘息声亲近着大地。

窗前的风铃响了，流泻出一段美妙的音乐，每一个音符里都流淌着甜蜜。阳台上不断变换着晾晒的内容，码得整整齐齐的一排排褐色的板栗，如着装严肃的士兵；晶莹剔透的黄澄澄的大柿子，带着喜气和吉祥安安静静地端坐在那里；灰头土脑的花生沉默寡言地塞在角落里，它身上最是捎来了泥土的气息。

流浪是不变的主题，然而家始终牵系在巴掌大的那个小村庄里。

到更远的地方去，苍耳。妈妈常常这样在耳边轻语。飞翔总是伴着疼痛，丝丝缕缕缠绕起身后那一双双遥望的目光。

泥土里面藏着金子。千百遍地耕耘，再贫瘠的土地也能孕育沃野的希望。城里的马路上蹒跚着一个身影，那是又背来乡下土特产的老母亲。

第一辑
心有蓝莲花

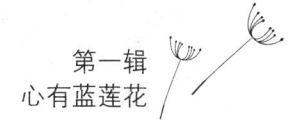

"再忍耐一下，没有熬不出头的时候。"灰发对着黑发语重心长地说。

石头森林里，深藏着许多欲望的陷阱。看好脚下的路，一步一步地走下去。老人将一颗葫芦摆在了桌子上并念叨着："口小，肚大，能包容。"青年对着老人用力点了点头。

苦里磨出来的是甜。行动是最好的注脚。汗水浇灌梦想的种子，自己的命运把握在自己手中。

小时候，我经常和大人一起去田里干活。回来的时候，总能发现身上长着一颗带刺的苍耳。它就这样默默地跟了一路。你走多远，它就跟多远。

母亲常说，你要做一只会飞的苍耳。

可是，我怎样才能"飞"起来？

工作干得很出色，可是因为不懂得去经营人际关系这张网，到头来依然没有任何起色。"孩子，别泄气，只要你是一颗足够成熟的苍耳，早晚你会飞起来的。"母亲总是这样安慰。

当晨曦送走了黎明，当大雁振翅南归的时候，也便是苍耳旅行的日子了。

一颗小小的种子开始了飞翔的生活。

一座座山，一条条河，苍茫的松林，辽阔的原野。听气流擦擦，观枫叶酡颜。

当它还是一颗小青豆的时候，它怎么会想到今天？

也许，你仍在人生的失意中徘徊，你仍为平淡无奇的生活而苦恼，你仍因前途渺茫而哀怨。这些都不要紧，要紧的是你要努力使自己不停地生长以便尽快成熟。等到秋霜染醉、芦花扬白的时候，你的人生之旅才真正起航。

到那时，你便是一只会飞的苍耳，且行，且歌。

阳光轻抚，
梦想萌芽

你有什么资本打破人生的瓶颈

炎炎夏日的一天，一个青年人去拜访一位大人物。他汗流浃背，手里提着两大盒礼物。

大人物招招手，示意青年人坐在他身边，并让他看一本书。书上用蓝钢笔勾着几行字。青年人疑惑地读完这几行字，大人物却没说话，而是把自己写的很多书拿出来给青年看。青年嘴上赞叹着，心里却不以为然：你是呼风唤雨的人物，当然能做很多自己想做的事了！大人物似乎看懂了他的心思，只是微微一笑，随意地说了一句话："如果你想做，就没有任何理由可以阻挡你。"说完他意味深长地望了望年轻人。年轻人不语。

大人物打开电脑里的一些照片，都是他考察访问时和一些高层拍的，每张照片上的大人物都笑容灿烂，神采奕奕，让人一看就知道他是一个春风得意的人。看完这些，大人物又从抽屉里取出一张照片，那是一个穿着工作服、戴着头盔、挥汗如雨的挖煤工人的黑白照片。大人物告诉青年，这个工人就是当年在井下干活的他。

青年人明白了大人物的意思，可他还是不甘心。他说："我不是一个没有志向的人，也一直在为梦想努力。可是繁重琐碎的工作，几乎耗去了我全部的精力。我想换一份儿工作，这样就可以有宽松的时间做自己想做

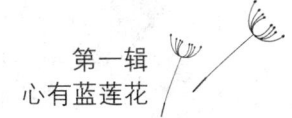

第一辑
心有蓝莲花

的事啦!"大人物点点头,表示认可。他问了青年一个不相干的问题:"你是怎么来到我这里的?"

青年老老实实地回答:"我先坐了一段公交车,下车后坐车不方便,又打的过来的。""花了多少钱?""打的八元。"大人物笑着说:"你用一元钱的资本只能享受公共汽车的待遇;而你用八元钱的资本却可以享受小轿车的待遇。前后的不同,是因为你投入的资本不一样。你拥有的资本越多,你可以享受到的自由度也就越大。对不对?你有什么资本?"青年人一时语塞,不知说什么好。和同事们相比,他确实没有更多值得夸耀的东西。相反,他也许还要黯淡许多。

大人物语重心长地说:"我也是从你这个时候走过来的,也和你一样心浮气躁、叫苦抱怨了许多年。但是最后我还是利用业余时间学习研究,成功地解决了矿上的诸多难题,成了这方面的专业人才。如果你是千里马,你就要快跑,让别人看到你的长处。如果你是卧槽马,那只能和众人一样。每个人都是一盏灯,你想让自己比别人亮,只能拼命给自己加油。记住:真正影响光辉的是灯盏里的油!"

大人物指着他所带来的沉重的盒子打趣他:"拿着这么重的东西一定会满头大汗;你要是空着手走路,岂不更快?我刚才给你看的那几句话其实是一个和你干同样工作的人的成就,工作之外她写了这么多作品,做出了别人都没有的成绩。她的收获注定了她现在的如鱼得水啊。"

告别了大人物,一路上年轻人想了很多。回来后他调整了心态,先是成功地瘦身,减掉了身上的三十斤赘肉。每天无论多忙,他都会拿出两个小时来学习,一年后成功考取了研究生。后来他又考取了心理咨询师证书,国家的二级裁判、一级裁判。他成了行业里的带头人,用成绩成功地打破了自己人生的瓶颈。终于他如太阳一样绽放出了无与伦比的光辉,拥有了极为广阔的天空。

"你有什么资本?"这句话就是他不断给自己加油的动力!

阳光轻抚，
梦想萌芽

远方的呼唤

"在无边的荒漠里留下跋涉者的歌，在孤独的黑夜里播下梦想的种子。我是一只永不知疲倦的骆驼，相信一步一步走下去，就会抵达我的明天。那里有我熟悉的牧笛，有我渴望的绿洲，而它在远方。"她在日记本的扉页上写下这样的一段文字。

以"骆驼"自诩的女孩从遥远的甘肃来到这所南方的大学，她显得很不协调。活泼美丽的女大学生们神采飞扬，她却像一只乌鸦没有属于自己的颜色，一年四季一袭黑色长裙；军训会演时她被男辅导员叫了出去，她是一个不和谐的音符；周末的晚上，同宿舍的人都去俱乐部"嘣嚓嚓"，她坐在图书馆抱着厚厚的外国名著啃读；大家都在尽情玩耍谈恋爱，她却如落单的孤雁独自在校园里徘徊，时不时地掏出兜里的小册子看一看；智商测验，全班同学的成绩数她最低，只有八十五分；据说她的年龄也不小了，幸好无人过问。这个从西北荒漠驶来的"骆驼"永远那么单调，那么不合拍。

在一次文学理论课上，她站起来回答问题，因为紧张，竟然结结巴巴："这个，这个，我……"引来全班同学的哄堂大笑，后来每次她回答问题，都会引来一阵嬉笑。可是她仍然是最爱举手、最爱和老师争辩的学生。

不久她迷上了文学，开始练习写东西。晚上同宿舍的人打完毛衣、听完流行歌曲打着哈欠睡去了,她还在埋头写。写什么呢?她在写自己的家乡,平坦无垠的大沙漠,孤独、执着的骆驼,沙漠里深深浅浅的足迹,黄昏悠扬的牧笛,贫穷而善良的乡邻。

她试着给校广播站投稿,署名"骆驼",可是没被采用过。她毫不气馁,拼命去读凭她的智慧很难一下子弄懂的尼采、康德、舒本华、黑格尔,读卡夫卡、普鲁斯特,白天读,晚上写,她在黑夜里闪着发亮的眼睛,倾心描写心灵的家园。班里一位智商很高的同学调侃道:"我要是有她一半的毅力,早就考取北京大学研究生了。"是呀,世上聪明人不少,成大器的往往是那些算不上聪明的人。人生旅途如同一场马拉松比赛,坚持到最后靠的是耐力。她牢记着母亲的那句话:"能耐,能耐,就是能忍耐。"

渐渐地,校广播站陆续播出了她的稿子。她又开始给报刊投稿。同样,情况并没好到哪里去,稿件都被"枪毙"了。

她一直没有扑灭心中的那盏"阿拉丁神灯",哪怕它昏暗惨淡,她也苦心经营,就像一只勤劳的小蜜蜂,唱着歌穿梭在美丽的百花园。跋涉的过程常常被人忽视。浅薄的人经常赞美迅如闪电的萧萧骏马,然而真正能横跨大漠赢得"沙漠之舟"美誉的却是最不起眼、步履缓慢的骆驼。

一马平川的旅途缺少刻骨铭心的回味,曲曲折折的山路却总给人以柳暗花明又一村的惊喜。无限风光在险峰,人生之路又何尝不是如此?

挫折是一种锻造,经过锻造,铁变成钢,纯金变成一个个美丽的金蔷薇。挫折是美丽的,它洗去了浮华,沉淀了智慧。挫折是一种淘汰,一种选择,一场最残酷的考试。走过去,海阔天空。

应该感谢挫折。

她因此褪掉了生涩,展翅成一只美丽的白天鹅飞进南方的一家报社做了编辑。

不久,她又考取了研究生,成了我们班第一个研究生。

阳光轻抚，梦想萌芽

丑小鸭经过不断努力不断追求最终成了白天鹅，夺回梦想；小溪流经过千回百转的碰撞冲击，最终流进大海；蚌肉经过痛苦的磨砺舔舐，最终打磨出璀璨的珍珠，的确，风雨彩虹，铿锵玫瑰！

曲径能通幽，学子出寒门。相信吧，曲线的人生更美丽！

听，有笛声飞扬，那是远方的呼唤。

第一辑
心有蓝莲花

会唱歌的葵花籽

葵花籽无论落到哪里,都要向着阳光生长。

大学录取通知书下来的时候,他没有过多的兴奋,随之而来的一张贫困生助学贷款申请单就像阴影一样笼罩了他那颗虚荣的心。

该不该填呢?他始终犹豫着。

家里的情形确实不太好,可……他叹息着替母亲喂了那一百只白鹅后,就坐下来看书。书是借来的,是他喜欢的作家路遥的《平凡的世界》。刚看了没几页,母亲就从外边笑嘻嘻地进来了,手里举着一个小向日葵花盘。

母亲嘴里嚼着一颗葵花籽,把盘子递给他。他疼爱地望着母亲,轻轻摇了摇头,说:"我不吃,你吃。"母亲用力掰下一大瓣塞给他,自己就在他身边坐下来低着头吃葵花籽。他拣去母亲头上的草叶,替她拢了拢头发——头发稀疏得像干枯的麦苗,他摸到了母亲硬硬的头骨。他喉咙里一阵堵塞。母亲刚四十岁出头,可一根根白发过早地出现了。

小说里的孙少平的处境多像自己啊。冬天,家里舍不得烧煤,屋里冷得像冰窖,夜里他还时常听到父亲压低了的咳嗽声。

那天晚上他正在看书,父亲悄悄进来,在他桌上放了两个小橘子,又出去了。他没敢抬头看父亲,父亲的脸让他心酸。

阳光轻抚，梦想萌芽

父亲从不去开家长会。他一直是年级第一，班主任很喜欢他，还送给他一个随身听让他听英语。他在日记里写道："父亲快六十了，起早贪黑，他看起来更老了。"

母亲的病时好时坏。可她总记得每年秋天将颗粒饱满的葵花籽收拾起来，来年春天种在墙根。那是他告诉母亲的，他喜欢向日葵。

一排向日葵正迎风对着夕阳，笔直的茎秆上托着绽放的笑脸，有的大些，有的小些，都在阳光下镀了金，一片灿烂辉煌。

"妈，你数数，咱们家有多少笑脸？"他指着窗外的向日葵对母亲说。母亲看看他，又看着向日葵，认真地数起来："一、二、三……真是，咱家都是笑脸呢。"他紧紧搂住母亲瘦弱的肩头，和母亲一起望着那片起伏的金色海洋。在那里，仿佛有一只小船正扬起帆向着远方驶去。

他激动地取出了那张贷款申请单，郑重其事地在上面写道："母亲有间歇性精神病，父亲年迈务农，特申请贫困生助学贷款。"

放下笔，他感觉很轻松。他开始唱着歌忙着做饭。暮色里，青色的炊烟升起来，而母亲陶醉在歌声里。那歌声像浩荡的春风，穿过小院，飘散在家门口的小路上……

父亲会踏着歌声回来的。

把阳光种在心上，把希望种在春天里，把爱种在人间；带着感恩上路，带着歌声前行，带着微笑攀登！

第一辑
心有蓝莲花

给你的阳光一样多

小侄子今年上六年级。开学一段时间以后,他总是有些闷闷不乐,学习语文的兴趣也明显不如从前。我有些奇怪。

要知道,平时只要我看书他都抢着要看,看书不少,并且也学着我的样子写日记,他的语文成绩一直超一流,作文更是一级棒,常常得到老师的夸奖。现在的他和以前判若两人,他这是怎么了?

原来,上了六年级后,小侄子的语文老师换了,原来教了他五年的那个语文老师调走了。小侄子不爱张扬,开学近一个月了,几次的语文小测验他发挥得大不如前,新语文老师也没发现他有什么长处,对他不怎么留意。在小侄子的心里,赏识他的那个人走了,他的情绪一落千丈,他尝到了失落的滋味。我没当回事,只是告诉他凡事都有个过程,适应了就好了。小侄子点点头,表示认同。

可是那天中午,小侄子回来时,脸上似被水洗过一般,阴阴的,眼里还汪着水,吃饭也无精打采的。经我一问,才知道原来外校老师要用他们班讲一节语文公开课,这在以前也常有。语文老师选了三十名同学,结果小侄子没被选上。这在以前倒是没有,原来每次他都会被选上,并且以前的语文老师有时会和校长申请让学生们都去,这每每都让他小小的虚荣心

阳光轻抚，
梦想萌芽

大大地膨胀一次。

听完小侄子委屈的哭诉，我扑哧笑了。他不解地望着我，眼泪流得小河似的。我问他："你上课举手积极吗？"他摇摇头。"你回答问题声音洪亮吗？"他又摇摇头。"你用什么来证明你是个语文成绩非常优秀的学生呢？"小侄儿咬着嘴唇停止了哭泣。"既然如此，你还有什么理由来委屈？因为老师要选那些上课积极回答问题、举止大方、声音洪亮、见解独特、有创新思维的学生来配合老师完成一堂公开课啊。你明白吗？"小侄子默默地低下了头，手指不停地在裤子上写着什么。

"你还记得你爷爷养的那盆象耳莲吗？那个夏天你爷爷出门了，家里人也忘了给阳台上的那些花浇水。等你爷爷回来一看，除了象耳莲，其余的花都干枯死去了。只有象耳莲垂着两片大叶子，在最大限度地减少着水分的消耗。当它吸足了水之后，它立刻又挺立起来，伸展开硕大无比的叶片以便争取到更多的阳光。别人注意与否都不能转移它生长的专注。难道你还不如一棵小小的象耳莲吗？"

说着话，我们都不由自主地望向阳台上的那盆象耳莲。阳光下，它正扬起翠绿的枝叶尽情地呼吸，吸进去，呼出来，生命的光合作用欢畅地进行。一样多的阳光，只是因为它的努力争取便生机盎然。

小侄子把头转向我，认真地对我说："姑姑，你知道我刚才在裤子上写的是什么吗？"我摇了摇头。他一字一顿地说："种子。"我大惑不解。他目光坚定地说："我要做一粒坚强的种子，努力生长，像桥岸边石缝里的那棵细柳，什么也打不倒。"我用力握了握他的小拳头表示赞同。窗外阳光灿烂，树叶斑斓，秋意正以不令人察觉的姿态悄悄流泻出那片成熟的景致来。

其实，孩子也许现在还不太懂，内心的坚强才是一种真正的成熟。无论遭遇到什么，也无论荣辱功过，一颗成熟的心会以其强大的张力包容所有，并逐渐内敛功力，慢慢磨砺，如病蚌成珠，等到生命真正的辉煌时刻，再像火山喷浆一样释放全部。这个过程便是成长的过程。

第一辑
心有蓝莲花

枕一片秋声入梦

夜,如此丰富而安宁。四下里都是隐隐约约的虫声,有时是一只虫子的独唱,嘹亮如战场上的号角;有时是群体的合吟,风起处如落叶婆娑。

秋声阵阵,像夜晚永不停歇的心跳,在这熟悉的旋律里,歌唱着一阕阕耐人寻味的诗词。千百年,它们撩拨着一代又一代远游人不眠的思绪。

"昨夜寒蛩不住鸣。惊回千里梦,已三更。起来独自绕阶行,人悄悄,帘外月胧明。白首为功名。旧山松竹老,阻归程。欲将心事付瑶琴。知音少,弦断有谁听?"士为知己者死。只是,这样的知己太难求。耳边仍旧回响起那铿锵有力的呼声:"撼山易,撼岳家军难!"还有那"直捣黄龙府,与诸君痛饮"的豪言壮语。然而,岳将军不遇明主,空怀抗金之志,十二道金字牌班师诏,十年辛苦毁于一旦,英雄从此含恨风波亭!时代已经走远,英雄并未老去。

在世风浮躁、追名逐利日盛的现在,还有多少人能洗净双耳,肯俯身倾听一下窗外唧唧的虫鸣低语?

这是诗人流沙河在吟诵:"就是那一只蟋蟀,在你的窗外唱歌,在我的窗外唱歌。你在倾听,你在想念。我在倾听,我在吟哦。"唧唧,唧唧,唧唧。金声玉振,幽怨如诉。就是这一只蟋蟀,也曾经在《诗经》里弹唱:

阳光轻抚，梦想萌芽

"八月在宇，九月在户，十月蟋蟀入我床下。"岁月滤去沉渣，只有最朴素的情感流传下来。剪不断的思念如织，一声更比一声苦。

人永远是环境里的一只蟋蟀，有时无法选择环境，只能去适应。当季节的冷雨袭来，当苦难的冰霜覆盖，当生命的集结号吹响，我们依然可以隐蔽在安然的小穴里，引吭高歌，做一名生活的勇士。

一只只蟋蟀，从东坡的眼皮下逃出，从蒲松龄的旧梦里飘出，从孩子们的瓦罐里飞来。多少声清唱，多少次回味，难以抹去的永远是情感里最纯真的那份记忆。

凉风吹来，秋虫的欢唱此起彼伏，如琴声婉转悠扬。城市的喧闹走远，乡村的宁静笼罩在草木间。歌声清越，和着劳累人的鼾声，装点出几许淡远飘逸的韵味来。

有了它，夜就显得不寂寞，平添了一份温暖动人的气息，贴着你的心，安抚你，给你最深情的一吻。倚在床头，在流淌的灯光里读一本古旧的书或是写一篇日记，就像山因了水而变得妩媚起来一样，文字因了虫吟而变得灵动立体起来，你的心渐渐被它咬出一个小豁口，白日里的所有伪装卸掉，真实的情感"嚯"地飞奔出来。它钻进你的心里，停驻着，只在有月亮的晚上出来唱歌。

读两页古书，听几声虫吟，呷几口香茶，偷一晌清欢。《金刚经》中记载："一切有为法，如梦幻泡影，如露亦如电，应作如是观。"凡事的执着皆出于心魔的纠缠，心里干净了，烦恼也就消失了。秋虫的浅唱低吟告诉我们的也正是如此。不与世俗争，现世安稳。

虫声澄澈，如月辉入心。守着这一片清凉，我突然想起几句偈语："菩提本无树，明镜亦非台。本来无一物，何处惹尘埃。"夜色如水，若有若无的虫吟像梵音一般净化着一颗颗尘俗的心。

枕一片秋声入梦，桃源便不远了。

第一辑
心有蓝莲花

享受那份孤寒

早春三月,天气有些反常。西北风照常刮起,飞沙走石,俨然烟幕弹来袭,到处是混沌的一片。

朋友带了两条热带鱼来看我。刚坐下,她就满脸哀怨地对我说:"真是忙死了。一天到晚不停地上课,备课,批作业,简直成了一个木偶人。"我笑着望着她,默默地听她诉苦,注意到她脸上蒙着一层土灰色,看起来毫无生气可言。我明白朋友这段时间一定是徘徊在痛苦里了。

客厅里的报时钟响了。两个小时过去了。面前的茶水冲泡得已经没了苦味。说归说,朋友到底是一个理智的人,嘴上的怨言丝毫不会影响到她干工作的认真。我说:"就是比这再累上一倍,也没事。问题的关键不在这里。"她好看的双眼疑惑地望着我。"你为什么不享受这一切?如果把上课当成一种乐趣来享受,上这点儿课又算得了什么!既然现实你无法改变,何不努力去适应它?其实,干什么都一样,到哪儿也都一样。问题在你而不在环境如何。"她若有所思地说:"这些道理我又何尝不懂?只是做起来就钻牛角尖了。就按你说的去做吧,把它当成享受。"

一周后,朋友打来电话,她兴奋地告诉我,现在的她已能够轻松地完成工作了,每天活得都充实而愉快,并且仍能挤出时间来画画。我很为她

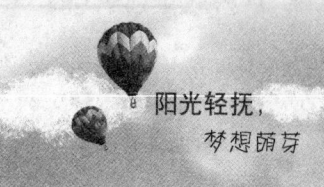

阳光轻抚，
梦想萌芽

高兴。看来，在变成美丽的白天鹅之前每个人都要像丑小鸭一样，处处经受排挤、打击和嘲笑，遭到一番刻骨的折磨，才可能脱胎换骨，拨云见日。

朋友的热带鱼依然活蹦乱跳地游来游去。每次换水的时候，我都是用两只管同时进行排水和进水。这样确保鱼能够逐步适应它所处的温度，没有太大的改变而存活下来。"适应"是一个强有力的词，它需要的不是随波逐流，而是调整自己，与环境协调，从而创造出一种激活自身活力的释放剂，营造出温馨的环境。

然而，人们在大多数情况下却意识不到磨难是另一种方式的造就与成全。

同事小丁，以前上班的时候总有老同事带着，凡事只要跟着执行就行了，从没费过什么心思。最近那些老同事都先后退休了，她成了挑大梁的主力。她焦虑得不行，脸上长了一脸疙瘩不说，夜晚的睡眠也成了问题，主要原因就是压力太大，怕做不好让别人耻笑。这不是顾虑太多、虚荣心过强造成的吗？自寻烦恼就是跟自己过不去，自己跟自己较劲，这能有好日子过吗？如今小丁终于走出了困惑，变得敢于担当了。其实，真正的成熟是心理上的成熟，彻底走出"断乳期"，开始于自己的独立。

《不抱怨的世界》一书风靡世界，此书发起了一个名为"紫手环"的活动。活动要求：每人手上戴一个紫手环，如果你抱怨了，就将紫手环换到另一只手上，如此往复，直到紫手环在你的一只手上能连续戴上二十一天为止。这项运动旨在告诉人们，不抱怨的人才能最终走向成功。

人生不如意事十之八九，常想一二。努力做到"不以苦为苦"。享受当下的种种，换一种心态与生活和解。这样的话，一蓑烟雨任平生，又何妨？

就算孤寒凄惨，也应学会享受人生的另一种况味。

第一辑
心有蓝莲花

岁月里的坚守

爱情有时很脆弱，脆弱到如同易碎的水晶让相爱的两个人彼此伤痕累累，最后渐行渐远。爱情有时又很坚强，坚强到足以抵挡漫长岁月的侵蚀，相互间浓浓的情意垒筑成爱的城堡。

她端坐在我的面前，脸上带着微笑。深深浅浅的皱纹就像无数的灌木丛杂乱无章地铺排在那张脸上。她老了。她时而对我笑笑，时而安详地静坐。她的衣服体面而讲究，完全没有一点儿上了年纪就随随便便的意思。只是耳朵有些不灵了，需要大点儿声才能听得到。我没有去打扰她，我的心灵里早已被她故事里那份沉甸甸的爱塞满了。

她的经历不太寻常。现在她和老伴都八十多岁了。老伴退休后得了病瘫痪在床，到后来简直像植物人了。二十多年了，她一直耐心、体贴地照顾着他。个中的辛酸艰苦只有她一个人知道。饭需要她嚼细后一点点儿来喂，嘴唇需要用棉球蘸着水来润湿，肌肉每天要推拿按摩千百次……多年来，她养成了习惯，心中早已有了一张无形的时间表。除了生活上的照料之外，她还想着按时打开电视按时陪他说话以便唤醒他沉睡已久的意识。可以说，她成了他的全职医生，喂药，打针，护理。因为她的精心照料，他从未生过褥疮。医生都说她创造了奇迹，向她讨教护理上的秘方。她淡

阳光轻抚，梦想萌芽

淡地笑笑，拿出他肘下、身下的一个个小垫。哪有什么秘诀，不过是四季里轮流换各种小垫放在他身下保持皮肤干净清爽。她不光要照顾他，还要坚持身体锻炼。因为无法离开他到外边去，她就在屋里锻炼。买了扭秧歌的光盘，跟着电视里的画面活动筋骨。她常常摸着他的脸深情地对他说："老头子，你放心吧，我会好好活着。咱们说好了，我还要陪你十年呢。"许是老伴在潜意识中被感动了，他的眼角竟有泪水流下来。

村里几乎没有人知道她的名字。虽然在这里她住了七十多年了。空闲的时候，她就和自己下棋，为的是不让自己老去。

他们的爱情早已经浸泡成岁月里的一瓶老酒，散发着幽幽的迷迭香。她和老伴搭乘着爱情号列车一路走下去，没有退路，没有选择，不管经历了什么，都变成了风景。他们演绎了大爱。大爱无疆，大爱无言，真爱无敌。穿行在时间的隧道里，一路点燃起爱的心灯。我相信，那里的天空不会有天黑。

在这个浮华的社会里，说声"我爱你"其实很简单，相互间的承诺也很容易，真正能够彼此相扶相伴走完一生却很难。唯有爱才有力量才能够支撑。这份爱不是那种甜甜蜜蜜的缠缠绵绵，而是揉碎在柴米油盐当中，日积月累沉淀出来的一份责任，天长日久培养起来的一种恩爱，磕磕绊绊磨炼出来的一种默契，经风历雨里坚守的一份担当。

你是快乐的，我就是幸福的。当你真正爱一个人的时候，才会明白这个道理。爱他就是看着他好。不是吗？

写完这个故事，我感觉到温暖和踏实。抬眼望望窗外，天气正好，寒冷的冬天已经过去了，春天悄然来了。

第一辑
心有蓝莲花

绽放生命的色彩

在一片秋意中，我无意间抬头发现了那棵瘦小的树。

它嶙峋的枝干上红黄相间的绚烂的叶片，一瞬间让我惊呆了。那也许是一棵银杏树吧，在那些高大的树木之中，它瘦小的模样是不足以引人注目的。而此刻，那火红的叶片如火在枝头燃烧，金黄的叶片如蝶在两侧翩翩起舞。小小的树木好似涅槃的凤凰，绽放出奇异的美。

尘世的忙乱，只得匆匆离去。然而心头却种下了那棵小小的生命树。

人，又何尝不是一棵树？

他活得实在不容易。小儿麻痹让他落下了永久的肢体残疾，右手和左腿都不听使唤。可是人总要活下去。他开始去学画画，学书法，步行到乡村车站，再挤公交车去城里，来回上百里。纵是刮风下雨，寒暑难耐的天气他也从不间断。肢体难以支撑平衡的他时不时地会跌得鼻青脸肿，母亲心疼了，姐姐给他打退堂鼓，他却如一头倔强的骆驼，依旧跋涉在属于自己的沙漠里。

他用左手学着画，练着字。站立的时间长了，右脚就会肿，晚上到家钻心地疼。看着肿得馒头似的脚面，母亲的眼泪扑簌簌落下来。他却轻松地笑笑，背过身去咬着牙挪到自己的小屋，继续画。白天掌握的东西，他

阳光轻抚，
梦想萌芽

要反复揣摩研习，直到深夜。熬夜，病痛折磨得他面黄肌瘦，但他硬是凭着毅力画出了一手好画，写得一手漂亮字。学有所成的他终于被当地中学聘为美术教师。很幸运，我成了他的学生。那时，我常常陶醉在他天马行空的绘画天地里，听着他手舞足蹈地讲课，竟忘了他是一个残疾人。天道酬勤，付出带来收获。厚积薄发的他一股脑儿培养出了一批天之骄子，带出了一帮优秀的弟子，他们遍及全国各地直至最高学府——清华大学美术学院、中央美术学院！骄人的教学成绩让他荣获了"市十佳教师"的殊荣。在我们这里，现在提起他来已经家喻户晓了。他成了一匹千里马，成了人们前进路上的一座里程碑。

他终于靠着自己坚韧的坚持找到了梦想中的绿洲。

虽然上帝不公平，折断了他结实的羽翼，可上帝又赋予了他智慧与毅力的隐形翅膀，他一样学会了飞翔。在不为人知的岁月里，在没人关注的坎坷中，他没有消沉，没有东张西望地幻想等待伯乐的出现，而是默默地储蓄能量，努力做好自己，坚持让梦想世界亮起来。

是的，梦想的路上，坚持是陪伴。迷茫困惑时不妨提醒自己一声：为自己绽放！

缤纷的生命舞台上，总有属于你的季节让你灿烂。无论之前你多么黯淡，也无论之后你会多么艰难，只在那一刻，像流星划过天际的璀璨，像昙花赋予夜间诗意的美丽，绽放生命的色彩。无疑，即使岁月风干所有想象，成长也会如年轮一般深深镌刻永恒。别放弃努力，耐心等待你的生命树灿烂如花。

一棵秋天的树，长在晴空下，立在旷野中。不为什么，只为守候自己生命的季节，绽放出灿烂至极的色彩，如琼浆芬芳四溢，弥漫远方。

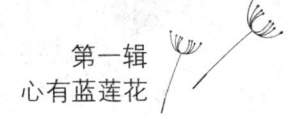

第一辑
心有蓝莲花

真正影响光辉的是灯盏里的油

看过一个小故事,故事的寓意是:每个人都是一盏灯。一盏灯不会影响到另一盏灯的光辉,真正影响光辉的是灯盏里的油。只有坚持不懈,努力加油,灯才会长明不灭!不管身边的能人多还是少,只要不断努力学习,努力工作,就会发出自己的光!

娟子工作干得一直很出色。可最近换了领导,她的生活一下子被打乱了。新任领导对她并不看重,反而是把她当成一个可有可无的人,这让娟子感到很失落。

如果说工作上的种种安排还都能够承受,可新领导对她毫不理睬的态度则让她在人前抬不起头来。别人都享受到的待遇她没有,她仿佛是被打入冷宫的人。虽然先前的同事们四下里谈起她来也是抱不公,然而她终究是一个没用的人了。

娟子常常陷入无名的烦闷之中,搞不清到底是自己哪里出了问题。她踏踏实实地做自己的工作,不张扬,不偷懒,也不善言谈。有人说她吃亏就吃在一张嘴上,干多少你不会说有谁知道?

日子就这样不咸不淡地过着。娟子一如既往地做着自己分内的事,抽空读点儿书。周围的嘈杂她从不参与。

阳光轻抚，
梦想萌芽

不久，单位举办一次活动，娟子被推荐去参加。本来娟子是不喜欢在人前亮相的。可是既然来了，就放开吧。那一次，娟子发挥得很好，博得了大家热烈的掌声。

日子还是继续。秋天很快地过去，冬天来了。娟子呢，还是那样安静地工作，有时间读点儿书。她好像是角落里的一头温顺的小鹿，很少能听到她的声音。

临近元旦的一天，同事们都急匆匆地忙完手头的活，跑去参加聚会了。到最后只剩下娟子一个人守在打印机旁。她打印了两份合同，仔细查看，发现有一些出入。于是她重新查找了去年以及五年来相关的资料，审查，核实，证实确实是不正确。待她一一修改过来，再打印出来，她已经错过了聚餐的时间。天上的星星发出清冷的光，那天娟子赶上了最后一班车。

第二天，单位领导大发雷霆，交上去的报表只有娟子一个人的没有差错，其余人都被扣了当月奖金，娟子没扣也没赏。娟子仍然是不多说话，闲下来的时候多看两眼书。

临近春节放假的时候，单位领导突然叫娟子谈话。领导的桌旁放着几张报纸。领导拿起一份报纸说："娟子，这报上的文章是你写的吗？"娟子点点头。领导又说："其实，你做的工作我都看到了。你的业务能力我早就知道。之前对你那样做是为了考验你。一块好铁只有从千锤百炼中，去除杂质，才能冶炼成钢。等到完全达到不因外界而左右自己的人生，你就是一块好钢了。娟子，你已经胜任了。从明天起，你要上任新的岗位了。"

那晚回来的时候，天上清瘦的月牙洒下一片清辉，虽然夜还是黑沉沉的，脚下却有了光亮。娟子搓着双手，想起了一篇文章《有梦不觉月光寒》。她不由得加快了脚步。

第一辑
心有蓝莲花

是的，不管工作环境如何，不管身边的人对你怎样，你所能做的就是不断将自己灯盏里的油添满。当你的光辉足够明亮，你脚下的路才会越来越好走。

那一双隐形的翅膀便是你的努力。它会给你希望，赐你力量，带你飞翔！

阳光轻抚，
梦想萌芽

微笑着打败生活

她是一个快乐、简单的"连做梦都会笑、衣食无忧、吃喝不愁"的光头姑娘。

她接触音乐是从六岁开始的。十五岁时，她涉足爵士乐。她笑着说："我爸喜欢音乐，是个'老文艺青年'，让我六岁学钢琴。我还学过舞蹈、绘画、书法、语言表演等。"小时候，她的音乐天赋并不突出，学校组织的歌唱比赛，她连复赛也没进过，反倒是绘画、语言表演获过奖。

后来她改学吉他，学作曲、尝试爵士风格，独自南下演唱，组建乐队，在音乐道路上走了二十年。"我不明白人们为什么喜欢说坚持做什么事情。我喜欢音乐，享乐其中，何来'坚持'？"她反问，"天天吃饭需要坚持吗？喜欢就没有痛苦。""音乐是你生活中的一部分吗？"有人问。她纠正："是我生命中的一部分。"

为了音乐，她连及腰的长发也剃光了。"打理头发太麻烦，我都没有时间练歌、写东西了。"她说，去年过年回家，家人还问是不是受了刺激。"我觉得很好看啊！光头如何好，剃了便知道。"她洒脱地说。

古灵精怪、热心肠是朋友对她的评价。"一堆朋友玩，刚开始气氛不热烈，我一到就热闹了。"她嘿嘿一笑，说，"我长期负责暖场。"让她举个热心肠的例子,她笑了:"帮了别人的事,老记在心里,那人得多醒龊呀。"

"我觉得我经常呆呆的。'呆'这个字也跟我长得很像啊,仔细看,它也是光头,有木有?"王韵壹再次发挥古灵精怪的特长,说,"我总厚着脸皮跟朋友说,'其实我唱得很一般,只是颇有几分姿色。'厚脸皮有时也是快乐的源泉哦。"2003年,她离开家乡太原,南下闯荡。行李中,只有一把吉他、几本书、几件衣服。"以前我去哪儿都带着吉他,现在移情别恋了,带着拇指琴。"她说,"我靠演出生活,也在酒吧演唱,收入不多。不会为了钱拼命演出,够用就行。"

她现在定居北京,在东四环租了一间屋子,"是很小的老房子,我物质需求很低。"她说。挣的钱大多买了乐器、书籍,堆在家里,干净但不整齐。她的乐器有吉他、键琴、口琴,还有一把板胡。她说感兴趣的乐器,都会尝试。

"想做一个音乐家,必须涉猎广泛,但光有音乐方面的知识不够,还得有文化底蕴。"她喜欢看文学、哲学类书籍,也会写写散文、诗歌。"成为音乐家得有天赋,我只是以这个目标要求自己,多读些书,不能让自己活得太愚蠢。"她说。

她很少说难过的事,不是没有,而是她把这些事情"最小化"了。"我很幸运,在最黑暗、无助的时候,音乐陪着我,让我内心获得宁静,更让我看到了幸福和希望。"她说,"我现在做的,就是希望通过我的歌声,把这种力量和幸福传递给大家。"

其实,她是一个孤儿。很小的时候,她的父母就都去世了,十五岁的她不得不自己挣钱养活自己。生活跟她开了一个大大的玩笑,但她总是说:"人生太美了,太舒服了。"

浙江卫视推出的音乐类节目《中国好声音》,各式民间歌手吸引眼球。其中一个身材娇小的太原女孩,站在舞台中央傲视群雄,刘欢、那英、庚

阳光轻抚，梦想萌芽

澄庆、杨坤四位导师争相收她为徒。她便是王韵壹，用爵士乐风格演唱蔡琴的《被遗忘的时光》，以光头造型亮相，以乐观开朗让大家过目难忘。

王韵壹在台上唱得动情、忘情，华丽的尾音令人叫绝。"我很久以前唱过这首歌，没有正经练过，当时只想着尽量把自己融进歌曲里去。"作为爵士乐歌手，王韵壹最初选择的是一首爵士乐名曲，但节目组根据她的声线特点，建议她唱《被遗忘的时光》，并把歌曲的后半部分改编成爵士乐风格。

她说一辈子有两个爱好，一是音乐，一是学习。有条件了会去学习深造，如果还有剩余的钱就投身公益事业，让那些孤儿中出现无数个快乐、简单的王韵壹。

人生来就是要受苦的。只是你的心态决定了你的命运。是拿着放大镜放大苦难还是用豁达淡化一切？不觉得苦便不成为苦。享受你所喜欢的，生活就都是快乐了。你快乐，世界也快乐。

无论遇到什么，微笑着面对吧，因为心底的阳光会照亮所有阴霾。

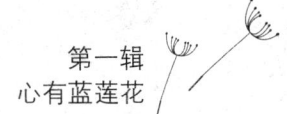

第一辑
心有蓝莲花

心灵的呼吸

水灵,无论用于人还是物,带给人的都是活泼泼、生机盎然的感觉。文字也一样,浸润了水的灵气,沾了原野的生机,这样的文字也是充满灵性的,就像自由的呼吸,每个毛孔都像风打草尖滑过,轻盈飘逸,若云端歌声。

就像一直喜欢的沈从文的文字一样,不知是边城成就了沈从文,还是先生影响了古城。一枕沱江,汨汨水声,故事就在吱呀吱呀的桨声里荡起涟漪。

深夜,读李娟为自己的散文新作《光阴素描》写的序,一番顿悟彻头彻尾。

不是身在汉江水畔就能造就淡泊清澈的文字,而是心早已被水润泽成一块通透的玉石了。她说:"我的文字少有对俗世生活琐碎的记录,更多是和写作与阅读有关,与灵魂相连。艺术永远高于生活,只是看你怎样驾驭它了。"叔本华说:"一个人的人格决定了他的未来。他的视野和精神境界局限了个人的天空大小。"

"一直认为,真正的写作其实是谋心,而不是谋生。一个写作者不为迎合任何人的口味,不为功利的写作,才是心灵泉水的自然流淌,是灵魂

阳光轻抚，
梦想萌芽

的自由呼吸。一个人写作的高度来自广阔的视野与精神的自省。"在这个浮躁喧嚣的尘世，有多少写作倾吐的是自己内心真实的愿望呢？有多少文字沦为了利益的敲门砖呢？充斥荧屏的清宫戏、家常戏，又有多少挖掘了深刻的人性、社会历史背景的意义呢？只要过程和故事，追求快感和刺激，丢失了文学最宝贵的心脏。

大师齐白石说："作画要形神兼备，不能太像，太像则匠气，不像则妄。"李娟说："原来写作和绘画一样，文字不能匠气，匠气就缺少灵性，没有了飞翔感，好文字从来都是云端上的紫燕。"文字一定不能照搬生活，而应该有大胆的艺术创造和想象。否则，还有什么美感可言？比较了《三国志》和《三国演义》里的曹操便知道，艺术的创造力是什么了。

靠写作，她一步步走到了现在，还会一如既往地走下去。

记得以前读过三毛的一篇散文《逃学只为读书》里提到的许多内容也和她所说相似。读书是一件"游于艺"的事情，毫无功利之心。读着读着，当你的功力和内力都深厚到一定程度的时候，那个所谓的象牙塔也就轰然倒塌，读过的知识全化作了你个人灵魂里的某些东西。这样你写出来的东西，也就是骨子里的那个你在说话。

我一直喜欢苏轼的文字。一首《定风波》让我读了又读。"一蓑烟雨任平生。""回首向来萧瑟处，归去，也无风雨也无晴。"好一个豁达超脱的苏东坡！《定风波》定下的是他的一颗心哪。文字记录时间，一次又一次的贬谪，终至客死惠州，一代文豪果真长做了岭南人！

我们不过都是时光的过客，没有谁会跑到它的前头。生活的有心人捕捉下了时光留下的所有刻痕，庸常的人只在似水流年里麻醉着自己，打发着时间。

少年时的梦想就是多年后的坚持。所谓的"大家"就是在同一件事上专注的人。摒弃世俗，给自己自由，深呼吸，脚下会走出一条与众不同的路。

呼出多少，就会吸入多少。自由地呼吸，自由地欢唱。世界因你而精彩！

做一朵微笑的小花

天暖了,一场花的盛宴即将开始。一朵朵艳丽如霞,灿烂如珠的小花,在春风浩荡中织出一匹匹五彩的锦缎来。

在花的海洋中,没有谁会去留意乡间沟畔的无名小花。它们扬起羸弱的细茎,张开指甲盖大小的花苞,一张含露娇羞的小脸便也在天地间熠熠生辉了。

在他的书页里就夹着这样一朵风干的小花。他一路携着它,从乡野来到了大城市。

他内向嘴笨,在一个个虎虎生威的同事面前更显得拘谨落伍。他们一边嘲笑着他错生了年代,一边开着QQ农场一边上网聊天购物,忙得不亦乐乎。他只是默默地快速地做好自己的工作,剩下的时间便用来读书写字。

几年下来,他的很多大学同学有的当上了领导,有的成了企业家。同学聚会的时候,人们前呼后拥地敬酒言欢,唯有他咕咚咕咚喝下几大杯酒,却很少说话。随时,他会低头掏出手机编辑一些短信储存起来。

学理工的他偏爱文字,孤灯陪伴的夜晚,他总是掐些心灵的花蕾点缀世俗生活。人情冷暖,红尘阡陌,文字让他充实而快乐。无论多忙,他都会抽出时间来写作,就算生病了,他也不放过看书"充电"的机会。渐渐地,

阳光轻抚
梦想萌芽

他的文字发表在各种报刊上，梦想的种子也在辛苦经营中落地生根了。

后来领导看中了他的文笔，有意让他负责单位的行政宣传工作。这是一个肥差，落谁头上谁都会偷着乐几天。人们私下里说他交好运了。可他没干几天就向领导辞了这美差，回到他原来的岗位上继续工作。放着升迁的大好机会不抓，大家直笑他榆木脑子，不开窍。他笑笑不予理睬。他了解自己。玉米粥、红薯条喂饱的肚子，怎么消化得了整天的大鱼大肉？不撑坏了才怪。

他的脑子没锈住，文字越来越有灵性。文字手稿摞起来已经足足有一米多高了。市晚报聘请他去做文字编辑，他拒绝了。他说自己是学理的，不适合专职做文字工作，只是把写文章当个业余爱好罢了。他甚至有很多文字都不曾拿出来发表，他说文字不带任何功利色彩，才可能成为自己的心灵伴侣。

他是我的一个朋友，名叫耿亮。我并不完全赞同他的某些做法，但我非常欣赏他，他是一个为心活着的人。的确，生活中，我们很容易仰视身边那些或雍容或大气或迷人的花，却往往忽视了自己内心这朵小花。守护好内心的灯塔，又何必和别人比地位、比金钱呢？

不骄不馁，专注自己这朵小花，不嫉妒，不自卑，尽情地吮吸阳光能量，让自己的花开得更丰盈，更美丽。

与其贪恋山川的伟大，不如全力打造自己。相信吧，就算是一朵微不足道的小花，也是天地间一道最亮丽的风景。

第一辑 心有蓝莲花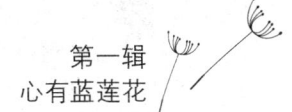

素念心安

天逐渐地暖和起来。看得出,各种草木已经接收到春天的讯息,枝干下隐藏的微微绿意似乎只待春风的一声召唤便齐头上阵了。

阳光扑到脸上,有如棉絮的暖。也许,万物都要蠢蠢欲动了吧?

然而,捧着一卷书,静坐一隅,仍旧是忘了窗外的春秋。人活一世,各有各的活法和姿态,毋庸置疑。有的人心在泡沫里沉沦,昏昏碌碌;有的人心在名利间穿梭,钻钻营营;有的人心在日常琐碎间消耗,坐井观天。什么样的人心才是活出了自我?

古有靖节先生归隐田园,忘怀纷争。他过着清贫守拙的日子,却满溢着"精神富翁"的惬意与知足。"结庐在人境,而无车马喧。问君何能尔,心远地自偏。采菊东篱下,悠然见南山。"在庐山脚下,他荷锄晚归,哼着《归去来兮辞》,将月光踏出一地弦音。

身处红尘中,心念出世也是不现实的。那份担当与责任就让你责无旁贷。乡下有白发的老母,身边有稚嫩的娇儿,不可以都放下。积极出世总会有忧愁挂怀。工作困顿了,职称评不上,理想渺茫了,一切皆因身外的东西看得太重了。

哲学上讲,决定你命运的是"你是什么",而不是"你有什么",或是

阳光轻抚，
梦想萌芽

"别人眼中怎么评价你"。你的视野和精神气度决定你未来的方向。每个人都像一块玉石，你想按照什么样的方式打造自己呢？

简单生活，超然物外。房子住大了，心界却窄了。心里有乾坤，陋巷也无忧。别去做物质的奴隶，而应做精神的主人。现在的孩子上大学回家动辄高铁、飞机，花费上千元。与其说是舒适不如说是断足。生活的安逸只会滋养起惰性和脆弱。生活就像一条河，你涉水越深，体验到的风浪也就越大，搏击的本领也越强。当你想到塞万提斯是禁锢在棺材中艰难地写出巨著《堂吉诃德》，还有什么是不能承受的呢？

我认识一个收废品的老人，他年轻时曾当过兵，退伍后返乡开始收废品。二十多年，他靠卖破烂供两个儿子上了大学后并帮他们成家娶妻。他收废品时总比别人给的钱多，也从不在秤上做手脚，交废品的时候也不会像别人那样洒上许多水作假。他说，上午半天出来收破烂，下午到三点交到废品收购站，一天的活就算干完了。剩下的时间就可以轻松自在了。老人脸上满是自足，少了一颗门牙的嘴笑起来时天真十足。六层楼小跑着上来下去毫不气喘。听着他洪亮而独特的吆喝声在街巷间响起，我的心里如喝下一杯清茶般清爽。心若不累，身便轻松。

争与不争完全在心。"惟江上之清风，与山间之明月，耳得之而为声，目遇之而成色。取之无禁，用之不竭。"一颗能容之心，才是真正的定军山啊。

"海纳百川，有容乃大；壁立千仞，无欲则刚。"心若成了跑马场，何愁不能纵横驰骋？

春天到了，柳树发芽，冰雪融化。孩童时期我们朗朗上口的课文现在也能提醒我们万般皆是美好，只不过我们应该以一颗清纯之心去观和悟。

素念心安，一如溪水，清流见底。在粼粼水波中，我们清醒地可以照见真实的自我。

素念心安，岁月静好。

第一辑 心有蓝莲花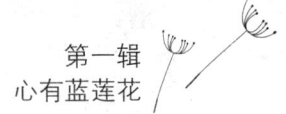

做自己，最重要

小王刚接了一副重担，她每天忧心忡忡，似乎有许多放不下的东西。

那天，我和她交谈。她忍不住将心里的苦楚一股脑儿倒出来。我细细听来，将情况归纳如下：

一是她的前任干得不错，她怕自己突然接手不能胜任这项工作，辜负了领导的信任；二是她与之合作的这个团队很强势，她有些自卑，怕因为自己而影响了团队的战斗力，惹人耻笑；三是工作任务艰巨，一天忙碌下来，她实在不能再分出多少精力来为自己充电。这样仅过去了一周多，小王就觉得自己快要支撑不住了。

听了小王的一席话，我给她讲了姑姑和姑父的故事。

姑姑和姑父相识于本地的一所服装学校。两人一起学习服装设计，慢慢由相识到相爱。一年后，姑父考取大学走了。在这期间，姑姑学完服装设计后回来承包了家乡的一个濒临倒闭的服装厂。两人的感情也在相互的鼓励与支持中与日俱增。与此同时，外界的嘲笑讥讽也接踵而来。白日做梦，癞蛤蟆想吃天鹅肉，自不量力。是的，姑姑只是初中毕业，而两人的差距不仅仅是学历上的，地域、年龄等各方面似乎都相差甚远。大家都不看好，爷爷奶奶也连声叹气说："就这么一个闺女，要跑到南方去，怎么能行？

一旦男的变心甩了她怎么办?"爷爷更是为此气得吃不下饭。

到底姑姑还是跟着了姑父去了南京。

人生地不熟的苦日子可想而知。姑姑学会了当地方言,用一双巧手为人做衣服,又自己一手带大了孩子。她一边接受着外地人质疑、探询的目光,一边开始学习财会专业知识。这时候的姑父已经是学校里年轻的体育老师了。两年后,姑姑硬是咬着牙拿下了财会证书,又学了电脑。等到孩子上学了,姑姑成功应聘到了南京城里的一所大学,当了一名会计。

姑姑和姑父之间的差距就这样一点一点地缩小了。

这么多年来,姑姑一直生活在别人的议论中。可是她选择的是做最好的自己,而不是活在别人的阴影中。如果她一味地猜疑、惊恐、防范,兴许这桩婚姻早就灰飞烟灭了。别人的想法属于别人的事,你左右不了,你只能管好自己。自己的强大才能为所有的忧患意识系牢一副双保险。

听我说完,小王若有所思。我俩慢慢走出去,任春风吹到脸上,悄无声息。空气里春的气息渐渐传播开来。

不因别人的强大而自卑,不因别人的弱小而自大。做自己,最重要。

第一辑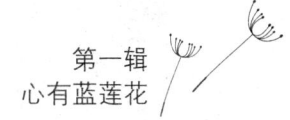
心有蓝莲花

叫停那份胆怯

那是全校最不好的一个班。

学校组织诗歌朗诵比赛,这个班只分到了两个名额。挑选参赛选手的时候,大家七嘴八舌议论了半天,也没选出个子丑寅卯来。那时我刚接手这个班还不足一个月。没办法,我最终敲定了男女生各出一个代表参加比赛。

看情形,他们嘻嘻哈哈地全然没把这件事当回事。我想也许扭转这个班的情况就在这一次机会中。于是,我把这个任务理所应当地分派了下去。

接下来就是选稿。一个星期过后,我问他俩的选稿情况。男生交给我一首歌词,被我否定了。女生选了一首舒婷的《我的祖国》,我肯定她选得好。我要求男生两天后一定要交给我一份适合自己的稿件,并让他俩准备第一次给我朗诵。

在我的再三催促下,男生终于交来了一份稿件《我骄傲,我是中国人》。那天在办公室里,我指导他俩朗读。他俩拖着长音平平淡淡地读完了,脸上是满不在乎的神情。很显然,对这次比赛,他们不抱任何希望。

我帮他们在稿子上一一画上了停顿的符号,告诉他们读诗要有节奏感;还有,把自己想象成面对一群外国人的大声宣言,读诗就要充满激情。逐

阳光轻抚，梦想萌芽

字逐句做了示范之后，我说："咱们不是和别人比，而是和自己比，只要明天的你比今天的自己有了进步，那就是成功。我们的对手只有一个：昨天的自己！从明天起，每堂课我都让你们在班里展示一下！"看得出，这些话对他俩有所触动。

接下来的每一天，我让他俩开始了在班里的一次次朗读。由起初全班同学的哄堂大笑，到最后教室里爆发出热烈的掌声，他们几乎已经做到最好的自己。我告诉他们说，你们已经成功了。剩下的就是带着这份收获，到赛场上，再打败今日的自己就足够了！两个孩子信誓旦旦地点点头。

这次指导，我没有按以往的给他们播放朗读录音，因为那些专业朗读对他们来说高不可攀。我也没有给他们录音，让他们为自己的糟糕而羞惭。我只是告诉他们，一次次的努力，只是为了战胜自己！

比赛的日子终于来到了。参赛选手的名单发下来，他俩被安排在了最后两个。以往都是抽签决定出场顺序，看来组织者对他们也是持否定态度的，担心他们破坏了整个会场的气氛。隔着人群，我悄悄对他俩竖起了大拇指。他俩愁眉不展的小脸上立刻现出了几分生动，开始低头默默地看自己的稿。

轮到他俩上台比赛了，我低声告诉他俩：只和自己比。他俩用力点了点头。先是男孩子激情澎湃地朗诵，博得了全场热烈的掌声。我对他点点头。最后一个上场的人无疑是最紧张的，女孩子的脸涨得通红。我告诉她："放开你自己。"她心领神会，渐渐放松下来。音乐响起，她的声音时而如山间小溪缓缓流淌，时而如晴空霹雳响彻云霄，到最后，她完全被自己感动了，两眼饱含热泪，全场也都被感染了，响起了雷鸣般的掌声。她终于在高亢的激情里释放出了自己，那最后的一句深情呼唤似乎久久都没有散去。无疑，她夺得了此次比赛的一等奖。

站在领奖台上，女生哭了。那个班的同学显出从来没有过的激动，忍

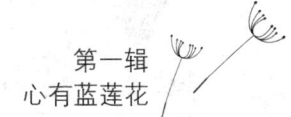

第一辑
心有蓝莲花

不住一次又一次为她鼓掌。我相信,他们都经历了一次由毛毛虫到蝴蝶的蜕变,内心都经受了一次圣洁的洗礼。

芸芸众生,我们不要因别人的强大而自卑,也不要因别人的弱小而自大,我们需要的只是做最好的自己,战胜昨日的胆怯。事情也往往会出现转机。

一棵小草改变不了草原的颜色,但它的青葱会使大地增添一份生动。一颗星星影响不了星座的辉煌,但它的闪烁会使天空呈现一份璀璨。请记住,我们所要做的,就是叫停那个胆怯的自己,成功就在下一次!

阳光轻抚，
梦想萌芽

有一种痛叫成长

　　一场雨铺天盖地，天气像是刚从地窖里浸过一般的凉。地上已经积了厚厚的落叶，深秋像是被折腾得伤痕累累的野兽，只发出阵阵痛苦的嘶吼。

　　她依然记得也是在这样的一个秋天里，她忧伤地望着窗外，看冷风一次又一次疯狂地卷走树枝上枯黄的残叶。谁也不能逃脱命运的安排。她想。这时候，电话响了。领导叫她去谈话。

　　"你上课的时候有同学趴着没听讲。"领导单刀直入。"我没注意。"她答，心里不以为然。那样的学生无论如何也是听不进去的。"教书和育人是应该齐头并进的，不可以顾此失彼。什么时候都不该给自己找借口。"领导的话说得很有分寸，却掷地有声。"我一直在尽心尽力地教学，从没想过懈怠。"她保持一贯的凌厉个性。"积极是一种心态，付诸行动是有为，而不是不为。负责任的做法才是作为。"领导意味深长地望着她，话语诚恳："别人怎么做的你不要去比，关键是做好你自己。我们做的是基础教育，不是大学老师，只教不管。不要让情绪纵容了自己！"自从那一次回来，她便开始深深地反省自己。

　　的确，一段时间以来，工作上的失意让她找不到当初的激情。虽然讲课她依然认真，但是就像缺失了水分的植物一样总是打不起精神来。渐渐

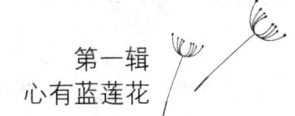

第一辑
心有蓝莲花

地,她也认同了众人的说词:这么糟糕的学生再怎么努力教也是无济于事。这险些让她滑进平庸的陷阱里。

自此以后,再上课的时候,她目光炯炯,望向每一个学生的眼神都亲和而有力度。"我们就像落在砖缝里的一粒种子,除了生长,别无选择。"她铿锵有力的话语在教室里回荡。上课不听讲的同学下课跟她进了办公室,作业不完成的她看着他们放学后补完,课文背不下来的她帮他们下课辅导。付出就会有回报,同学们开始投入全部热情,她教的语文慢慢有了起色。

市里举办公开课大赛的时候,她破天荒地报名参加了。不要因为教的学生不是一流就叫停自己的脚步。唯有如此,才算尽心尽力!她暗暗告诫自己。她决定就用自己的学生,学生知道后都很兴奋。这也是他们的第一次啊。

师生都精心准备着。那是一首刘禹锡的诗《酬乐天扬州初逢席上见赠》。"沉舟侧畔千帆过,病树前头万木春。"是的,人生没有答案,明天充满希望。她想。那一节课,峰回路转,跌宕起伏,与会者都沐浴在一片奋进昂扬的氛围中。每个人的心头都仿佛点燃了一盏灯,明亮而温暖。

历史和现实重逢,今人和古人握手。诗人的经历再一次鼓舞了她:千淘万漉虽辛苦,淘尽黄沙始得金。

从那以后,无论白天工作多忙多累,晚上她也会学习到深夜。窗外的星星陪伴她度过了一个又一个寂静的夜晚。那一年,她成功考取了中文系的研究生。毕业后,她成了一名报社编辑,处处勇挑重担,工作风生水起。

雨后,她沿着湿漉漉的小路漫步。地上缤纷的树叶吸引了她的注意。她从中捡起一枚如火燃烧的灿烂的枫叶,准备回去当书签。继续前行,她突然发现矮墙内的那棵柿树上竟无一片叶子,压弯的枝头上挂满了红灯笼似的大柿子,上面沾着一层白霜。她想起暑期的时候也路过这里,曾见院主人正拿着一把大钳子修剪多余的枝杈。地下一堆剪下来的树枝,有的上

阳光轻抚，梦想萌芽

面还长着青柿子。院主人说，若是现在不管它，到秋天一个果也结不了。不舍得疼，哪儿会甜！

钻石最美的光泽从一个个伤口发出，人生最美的诗篇在一次次磨难中写成。不为眼前的处境而抱怨，不为现在的困顿而消沉，不为理想的渺茫而彷徨。埋下头去，全力以赴，像一艘开足马力的船，迎风破浪驶向彼岸。"功夫到了自然成，水温到了茶自香。"

蚌病成珠，破茧化蝶。殊不知，有一种疼痛叫成长。

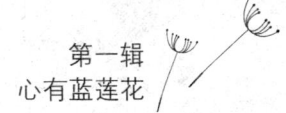

第一辑
心有蓝莲花

不急不慌，走在路上

过年回老家，小学同学组织了一次聚会。因为赶在假期，所以全班同学都来了。

饭桌上，大家开怀畅饮，不亦乐乎。酒至半酣，班长提议，咱们各自说说自己的情况吧。他先开始。大家饶有兴致地听着，也都在心里各自盘算着如何开口讲自己的故事。

班长说："我师范学校毕业后回来当了一名中学教师，爱人也是同事。婚后很快就有了一个可爱的儿子。为了还房贷，我辞职做了汽车代理商，现在小有成就。在座的各位若买汽车的话说一声，我一定优惠！"他潇洒地举杯向大伙敬酒，俨然一副成功企业家派头。这次同学聚会也是他做东。大伙都站起来和他碰杯，脸上流露出羡慕不已的神情。

同学们陆陆续续地说着自己的情况，或平淡，或坎坷，虽说不上大富大贵，但也都算生活小康，日子过得风生水起。

倒是同学小李的一番话让大家感慨良久。

小李大学刚毕业时，父亲就生病去世了。家里为此负债累累。他的母亲一直身体不好，靠药物维持度日。小李先在外打工几年积攒了些钱，回来娶妻生子，一家人相亲相爱。之后他又干过许多工作，但都收入不多，

阳光轻抚，梦想萌芽

爱人也下岗了，家里仍旧不宽裕。开春他又面临着重新找工作的问题，对口的单位不缺人，不对口的待遇偏低，人到中年的他还在为生计奔波。面前的小李未老先衰，头发早花白一片。

上学时小李是一个品学兼优的学生。他聪明内秀，对艺术更是无师自通，深得老师和同学们喜爱。谁知他命运多舛，现实并不理想。

这时有男同学提议介绍小李去自己的公司，待遇颇丰，还能当个一官半职。班长也慷慨地表示让小李跟自己去干，一年下来保管当上有车一族。谁知小李都婉言谢绝了。他坦言，虽然自己目前的生活还不尽如人意，可是他工作之外尚能腾出时间来做一些自己想做的事情。他自小喜欢画画，后来跟人学会了在瓷盘上画伟人头像。从画像、上釉到烧制这整套工序他都会了。现在一有时间他就埋头作画，已经有人出价买他的作品，可他不想急于用这门手艺去挣钱，怕糟蹋了。大家都有些不解。

小李淡淡地一笑，说："忙完一天下来，浑身像散了架似的。可是当我坐在桌前拿起笔一笔一笔地去描，去构思，去上色，完全沉浸在自己的笔墨丹青里时，竟然忘了身外的喧嚣。自己的心也在这宁静的时光中变得越来越淡泊、安然。生活是苦了点儿，可是看着家里摆满的一件件的作品，看着自己的技艺在逐渐地成熟，心里真有说不出的满足。心被利所惑，手艺匠气味就重了。"

大家安静下来，屋子里显出从来没有过的安静。正午的阳光大把大把透过窗玻璃投射进来，映在小李的脸上，他身上仿佛有一种神奇的力量深深地吸引着大家。

小李从身后取出一个背包，从里面掏出一大摞精致的小玩意儿，他说："这些都是我做的，活儿糙些，大家若不嫌弃，拿着玩吧。"我接过来的是一只笔筒，拿在手里仔仔细细地端详着：淡蓝色的海面上，飞翔着几只白鸥。远处有一只帆船，正向天际行驶。右下角题着两行诗：行到水穷处，坐看

云起时。整幅画给人一种清新淡雅的感觉，意境深邃悠远，做工精巧新奇。

我们把玩不已，互相交换并欣赏着，纷纷赞叹小李心灵手巧。小李不好意思地搓搓手说："以前上中学的时候，我没有自行车，往返一回要走上两个小时的路程。有一次我为了赶路抄近路跑，结果被刚收割过的玉米茬子划得满腿是血。母亲看到后很心疼。她告诉我，同样的路程，你多花些时间就是了，不必这样急着赶路。边走边学，你不是还可以背下很多东西吗？从那以后，我记住了母亲的话，总是利用零散时间学习，不急不慌，走在路上，成绩倒反而遥遥领先了。"

我们都被小李的一席话感动了。"是的，不急不慌，走在路上，"班长说，"让我们为小李举杯，也把这句话送给今天的自己。这是今天小李送给我们的最好礼物！"

滚滚红尘中，的确总有一些诱惑在我们身边。为了追赶这些，我们有时会忘了自己内心的初衷，而是急于前行。其实，登山，风景不是尽在顶峰；旅游，风景也不尽在目的地。人生中，别人的风光只是别人的幸福，与我们无关。我们需要的只是不急不慌，走在路上，收获属于我们自己的风景和快乐。

阳光轻抚，
梦想萌芽

小人物的力量

你伸出一只拳头来狠狠地打自己，你也能被它打疼。

是的，自己的力量也能达到极致，只要你全力以赴来做准备。

早晨从晨光熹微中开始。他系上围裙迅速地端出一大盆肉馅，又端上一大盆面，手里套了一个塑料袋，非常麻利地甩出一个个面团子，挖出一块块牛肉馅或猪肉馅，包在面里，又拿起擀面杖来回滚成面饼，放在电饼铛里烙。周遭的喧闹声在他这里仿佛远遁到了另一个世界，时间像是凝固住了。从早到晚，一天里他不知在手里颠倒过多少个面团，也不知翻转了多少下肉饼，可他始终笑呵呵的，像一个永不知疲倦的大男孩。

说起他的辛苦，许多人都劝他多找两个帮手；谈到他的盈利，许多人都劝他再开两家分店。他总是轻轻一笑，不置可否。一天里卖出多少面粉，需要多少斤肉，他都在心里清清楚楚记了一本账。一块也不贪多，一斤也不会少。不多不少，每天数量都固定，卖完就关门。小伙子憨憨地解释说："做这么多正好在自己的能力范围之内，如果贪多的话，恐怕就会影响质量了。"

这个肉饼店的生意出奇地好，而相邻的另一家肉饼店里总是人员稀疏，更令人称奇的是，来这里吃饭的人却并不催促喊叫，相反倒都是彬彬有礼，你谦我让，好像来这里只是歇歇脚享用慢时光的。这里的时光似乎很慢，慢到像是回到了打更时代那种平静淡然的生活。免费的玉米粥，盛粥的勺子柄很长，人们戏称这是"天堂的勺子"，于是顾客们都是你给我盛，我帮你端，然后盖好盖子，悄悄地走进店里坐下来静等。阳光照进店里，每个人的脸上都明媚着，像是挂着天使的微笑。有一次，我见他给一位顾客找钱时不好意思地说："你那块肉饼拿错了，不是牛肉的，应该少三元。"顾客大大咧咧地说："你不说我们也没吃出来啊。"

每次回来看到小伙子打烊的情景，我总要忍不住驻足。小伙子将店里清扫得干干净净，然后关好门，哼着歌踏上一辆三轮车晃悠悠地消失在暮色里。

他二十多岁，外地口音，居住在离市区很远的待拆迁的一间简陋的平房里，靠着一双手一点一点儿积攒着生活的能量。不知为什么，我每周都要去肉饼店里吃半张肉饼、喝一碗粥，算是对这个外地年轻人的一种无言的支持与赞许吧。

也许明天的梦想永远不能抵达，也许一生都要在这种奔忙劳碌中度过。可是，只要努力拼搏过，你也能像萤火虫一般在黑暗中闪亮。

她同样也是个小人物。在单位里，默默地来，默默地去，默默地做，默默地学。在这个喧嚣的尘世中，人人恨不得高扬了扩音器来张扬自己，唯恐被忽略，被遗忘。可她不，偏偏在安静中做着自己。

没有各种荣誉名利，她潜心于业务的精益求精，自己掏钱订各种杂志、书籍来充实自己，利用空闲时间去参加培训来提高自己，上网下载专家视频讲课资料来超越自己。当别人忙于钻营、拉关系之时，当别人微信、网聊热火朝天之时，当别人嘲笑她不入时只管拉车而不看道时，当别人背后议论她始终没有晋级时，她都置若罔闻。十多年里，她写下了二十多万字的读书笔记，发表了十多篇学术论文，个人业务能力上的精湛也是令人不得不竖大拇指。她在本子上写道：也许机会与我总有一段距离，但我一直

阳光轻抚，
梦想萌芽

在准备寻找着，也许在寻找的过程中我竟无意寻找到了自己，而那才是最重要的。

是的，她仍是一个小人物，没有晋级，没有荣誉，与优秀无关，但她是幸福的。她在一点一点儿的学习中丰富着自己，在一回一回的碰壁中锻炼着自己，在一次一次的执着中坚守着自己。卑微着，辛苦着，骄傲着。

一粒种子也许不会长成参天的大树，也不会开出艳丽的花朵，但它选择成长就选择了自己的春天。一个小人物也许不会有什么惊天动地的大创举，但千千万万个小人物的力量汇聚起来，就可以擎成社会的中流砥柱。

做一个小人物并不可怕，可怕的是丧失了小人物的力量！

草长莺飞二月天

"草长莺飞二月天,拂堤杨柳醉春烟。儿童散学归来早,忙趁东风放纸鸢。"好一个草长莺飞二月天,在故乡,诗里的味道还若有若无哩!

天空分明是瓦蓝的一块大水晶,不染尘埃,映衬着梦一般的云朵,于你,那如目光一般追随的轻雾总点缀在记忆的时空里,缓缓升腾。四野的麦苗仍在沉睡中,那样的空旷,那样的任浩荡的风低回。自由来去的大鸟时不时与它们轻吟下一串串含蓄的诗行,意为孕育。风吹麦浪,沃野的希望便是在平凡的日子里一点一点儿地衔接。

草木依稀在朦胧里。苍老的枝干下隐藏着青色的皮肤,那是隐藏着的春天的信息,是青春的底色。草木是故乡的卫兵,它们从不敢懈怠,只顾将深情的注视凝成永恒的姿势。树是村庄的眼,从少年到暮年,它就一直是这么一个姿势,枯了,荣了,不问年华,只在沧桑的枝干上刻下一圈圈生命的轮渡。

"一花一世界,一树一菩提。"一棵树的成长是缓慢的,就像一个人的一生。从它身边走出去,最终又回到它身边。

昔日奔跑的少年在哪儿?

拖着一个笨重的大风筝,在风里不停地奔跑,终于将风筝摇摇摆摆送

阳光轻抚，梦想萌芽

上了天，也将一颗少年心带到了远方。

是的，追逐梦想的过程需要不停地努力奔跑，哪怕会跌倒，会遭遇痛苦折磨，但爬起来，你就在战胜自己。

冰雪下的河流依旧在奔流，日日夜夜，无论是冬季还是雨季。"没有什么能够阻挡你对自由的向往。"村庄是平静的，故事却可以波澜起伏。一帆风顺的故事总是缺乏耐咀嚼性。

在噼啪作响的鞭炮声中春天翩然而来，春天在漫长难挨的严冬过后，才有明媚鲜妍的红日。梦想的种子只有经过一系列的耕耘之后，才会有蓬勃旺盛的生命。既然有梦想，为何不启航？哪怕风雨兼程。

令人欢欣鼓舞的春天总让人蠢蠢欲动，可是谁又能想过一个寒冬的孕育与等待？少年功夫老始成。每一次跌倒都是在为飞翔做准备，如若放弃，那么那无数次的跌倒都将失去意义。

你还在痛苦的际遇中挣扎吗？你还在无边的黑夜里守望吗？你还在刺耳的嘲笑声中沮丧吗？其实，经历的苦多了，你才会明白甜的滋味。放下功利，坚持梦想，因为你已在成功的路上了。

生命，自是一团飞絮

在很多日子里，我都喜欢让自己像温润的月儿般，不灼不烈，永远散发着温和的气息。

然而在岁月的跋涉中，我渐渐明白，生命，就应该如飞絮一样，迎风飞翔，兀自舞出一段人生的风流。

小时候，我常听母亲说"闯练"这个词。无论做什么事，你去闯了，历练了，你就收获了，吃苦会变成一笔财富。

认识一个教师，她本是个胆小内向的人，从不敢在人前大声说话，当教师后，这种现象也没改变多少。一遇到学校有活动，朗诵啦，或是公开课，她都如临大敌，紧张到寝食难安。所以二十多年过去了，她还和当初一样，工作没有任何起色。

有时，瞬间就可能改变一个人。

一次，她听了一场大师的报告，其中提到的一个弱点就是缺少勇气。她偷偷瞅了瞅四周，看到了很多心领神会的表情。看来和她情况类似的还不在少数。大师说她们这些人，都是被一种叫作"虚荣"的东西挫伤了锐气。他说，你太在意什么，就必然会失去什么。其实，只要努力去做了，人生便无怨无悔。

阳光轻抚，梦想萌芽

从那以后，她像变了一个人，主动承担起学校的一些活动，会上能第一个讲话绝不等到最后一个，能参加的公开课绝不拒绝，哪怕是面临一次次的失败，她也坦然接受。时间长了，她开始不惧怕，越来越从容镇定，成功也一步步向她走来。

短短的几年，她就被评为了当地的名师。问起她成功的秘诀，她轻松地说："敢于去做，你就成功了一半。"

满天都是星星，你只有争取去做那颗最亮的星，你得到仰视的机会才会越多。

无独有偶，同事的女儿在大学里是风云人物。刚进大学不久，她就积极参加学校的各种活动，担当各项节目的主持人，并最终当选了学生会主席。活动之余，她也不断地学习为自己"充电"，进而获得了国家级奖学金，成了学校保送的研究生，还没毕业，许多用人单位已经纷纷向她抛出了"橄榄枝"。同学们都赞叹她的优秀，羡慕她的机会多。殊不知，临渊羡鱼不如退而结网。只有尽快提高自己的本领，才能迎来灿烂的曙光。

年轻人，不要沮丧你目前的困境，不要抱怨你所受的苦难，不要畏惧你面对的挑战。路上没有坦途，相信"无限风光在险峰"！

取经路上，需要经历九九八十一难才能取得真经。人生四季，不经一番寒彻骨，哪得梅花扑鼻香？

正如汪峰所唱的："曾经多少次跌倒在路上，曾经多少次跌断过翅膀，如今我已不再感到彷徨，我想超越这平凡的生活……我想要怒放的生命，就像飞翔在辽阔天空，就像穿行在无边的旷野，拥有挣脱一切的力量……"

亮出你的才华，勇敢地做自己，让生命像一团青春的飞絮，自在飞扬！

敢于做自己

处暑后的第四天,开始栽白菜。天气仍有些溽热,玉米还在成熟中。

干了一辈子农活的母亲,栽起菜来还是有板有眼毫不含糊。她蹲下身子,将个大又水灵的菜秧子连土小心翼翼地移出来,像呵护婴儿般捧起然后把它栽进土坑里,培上土,那神情不亚于一个虔诚的佛教徒在礼佛事。

母亲自有她的主张。当别人都按照传统的操作方法播撒种子时,母亲却不顾众人议论密密地点下种子,结果全村除了母亲的菜秧子长势良好,其余的都是一塌糊涂。看着他们眼巴巴守在身边等着要锄剩下的菜秧子,母亲笑呵呵地递给他们工具道:"自己锄吧,喜欢哪个锄哪个。"

夏天的西红柿也是,只有我们院子里的果儿又红又大,谁家的都是草草挂了几个果就枯萎了。

我悄悄问母亲种菜的窍门。母亲淡淡一笑,道:"哪儿有什么窍门,不过是凭着经验来办事,不能盲从大家,得有自己的主意。这样种出来的庄稼才会好。"

不错,敢于坚持主见,在为人处世中不也应该有自己的一定之规吗?

单位里的老王平时不善言谈,可他做事很有自己的原则。

那次领导的丈母娘去世了,有人急忙组织大家表示表示。可老王无动

阳光轻抚，梦想萌芽

于衷。有人提醒他:"除了你，人人都表示了，有出两百元的，有出五百元的，你多少也出点儿，省得领导找你的麻烦。"他说:"没有。"别人说替他先垫上一百元。他说:"随便，我不给。"当事人气得直骂他死榆木疙瘩。

没多久，有一个同事因孩子上大学跟他借一万元，他眉头都没皱一下，取出钱说:"放心用，啥时候有啥时候还，没有就不用还了。"

老王人缘好，得益于他做事讲究原则和底线。他说:"宁愿雪中送炭，也不去锦上添花。"不迎合别人，不巴结权贵，只做自己，不管遇到的是谁。

在这个人际关系相对复杂的物质时代，还有几个人敢于对权势说"不"，敢于对不正之风说"不"？人人心中都有衡量是非曲直的秤，可是为了职务、人缘、名利，许多人都隐藏了那个真我，而是戴着面具招摇过市。

说到底，是私心、欲望的膨胀导致的懦弱。胆小怕事，生怕不合群，被排挤到圈子之外，得罪上级，失了和气。其实，你自先矮三分，别人反而踩在你头上。你没有立场、原则和底线，别人才可以随意践踏你。

朋友南，业余时间爬爬格子，偶尔有豆腐块见诸报端，他乐此不疲。他的同事很多都做家教，收入颇丰。凭他的能力，做家教自然不在话下。可他仍然默默地耕耘在文字的天地里，不问春秋。有人笑他愚，他不置可否。十年过去了，二十年过去了，他有了自己的作品集《淡淡花开》。他的脸上始终挂着自足而安然的笑。

敢于做自己，才是真正的爱自己、尊重自己。不阿谀，不依附，不自卑，内心独立自主，无比强大。狮子、老虎永远都是独来独往，只有狐狸和狗才成群结队。有主见的人收获的是自己的一方晴空。

春有百花秋有月，夏有凉风冬有雪，不必在意他人的目光与嘲讽，你的价值不会因别人的褒贬而升降，这如同二十四节气各有各的风景一样。

世界是自己的，与他人毫无关系。这正如一朵花，花开花落，都是自己的事，与尘世的喧哗无关。

做自己，才不会辜负这一世。

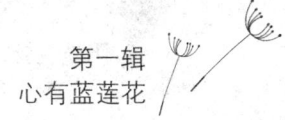

第一辑
心有蓝莲花

母亲的哲学

母亲一生都在乡下，可是平凡的她给了我许多生活中的哲学。

母亲是大家女，富里生富里长，没摸过针线，更没干过庄稼活。学习好本来应该有个不错的出路，可是赶上下放，于是回乡务农，谁知这一干就是一辈子。她嫁给父亲后，一切都需从头学起。炕上、地下，家里、家外，她看着爷爷奶奶怎么做，就照着学。她说："你奶奶不能总管我，以后分了家自己过怎么办？那么复杂的书都能念好，这些活儿还学不会？"一点一点儿摸索着，她学会了炖肉、做被、做鞋、做衣服、种田。五口人的生活让她经营得有板有眼。父亲常年在外上班，母亲一个人操持着过日子，把我们也拾掇得干净整洁。我们的穿戴常得到别人的夸奖，赞她手艺好。母亲说："一个人要学会自立，这是生存之本。"

从富贵人家一下子跌落到贫苦人家，母亲白手起家。盖房子、供三个孩子上大学、供养老人，其中的艰辛可想而知。我曾无意中发现了母亲当年的记账本，所借账目都写得清清楚楚。可是母亲从没在我们面前提起过，更没对任何一个人诉过苦。我上大学那一年是家里一贫如洗的时候，母亲跑来跑去借遍了所有能借的亲戚，她也日益消瘦下去，可对我们提起时总是说："车到山前必有路，没有过不去的火焰山。"她硬是将家里的口粮卖

阳光轻抚，
梦想萌芽

了才凑齐了我的学费。为此她开始没日没夜地忙碌，白天下地，晚上回来还做一些手工活：锁扣眼、锁边。娘家人都知道她的情况，问起她来她却不会多说一句话，总是一副很平和的样子。母亲说："一个人只有自强才能赢得别人的尊重，你的抱怨或诉苦只会加重别人对你的怜悯。"

母亲是一个极慈爱的人，在自己能力范围内，她总是竭尽所能地关心着别人。母亲不会骑自行车，总是步行着去看望姥姥。她换上一身干净衣服，挎着一个黑书包走上几里路到邻村，放下姥姥爱吃的东西，了解一下姥姥所需要的，听姥姥说说话，母亲就回来了。乡间小路上她将母女深情一遍一遍地温习，然后一身轻松地回来照顾我们。姥姥去世的时候，我以为母亲会长久地走不出悲痛，没想到母亲反倒安慰我说："谁都有去的这一天，你姥姥走得安静。"前两年二舅因病离去的时候，母亲也显得格外镇静。她说："你二舅得了那病活着也是受罪。去了倒解脱了。"对于亲人的离世、突遭的变故，母亲都能坦然面对，从不小儿女似的悲悲戚戚。她说："人无论到什么时候都要自安，能够控制自己，并且适应环境。"

自立、自强、自安，这就是母亲生活的哲学。虽然极朴素、简单，却富含哲理。其实，她在生活中还教会了我许多东西，比如不卑不亢、正直公平、低调谦卑，我受益终生。

母亲的哲学并没有什么高深的理论，然而在平常中指导着不寻常的人生，如深巷中幽微的灯光，总能将你引向光明的道路。

慢 人 生

时光的流逝比光速度还快，似乎慢下来与前进的车轮有点儿不合拍。但是无妨，如同吃饭走路一样，细嚼品中有滋味，慢走赏中出风景。

姐姐常笑我："你呀，做什么都比别人慢半拍。要不怎么好处都让别人抢去了呢？"我告诉她："他们得到的都是物质奖励，而我收获的是精神食粮。"是呀，让自己的学生认可，这不是为人师者最高的荣誉吗？

葡萄一天天成熟，知识一天天积累。凡是速成品不都是欠些火候吗？马拉松冠军并不是起跑时最快的那一个，最好的木匠活却往往是慢工做出来的。

我们楼道里来了两只小燕子，它们先是观察了很长一段时间，才开始衔泥筑窝，一星期了，线盒上还只是枣那么大的一块黑泥。可同事说她家楼道里的小燕子早已开始育雏了。谁知好景不长，没过几天，同事幽幽地说楼道里的燕子窝不知被谁捅了，小燕子也摔死了一只。而我们楼道的燕子窝筑得结结实实的，今年两只燕子又回来，开始新的繁衍了。

有时慢不是落后，而是一种审时度势的蓄势待发。

比起社会上那些偷工减料的"快"，若能够静下心来，守住一点一横

长的"慢",到最后也能筑起人生的大工程。

省是费,慢为快。磨出来的豆腐香,习出来的本领高。所以,慢下来,才见功夫。

第二辑

淡淡乡野风

阳光轻抚，
梦想萌芽

乡 村 三 月

早春三月，空气里依旧含着一层冷气，各种草木没有任何征兆地睡在冬天的梦里。小河里的冰都不见了踪影，涨起来的河水泛着清亮亮的光，像刚刚剃去胡须的下巴，露出一茬青色。

母亲说小葱籽扣上塑料薄膜，再过一个月就可以蘸酱吃了。小院子里的菜畦已经都收拾出来了，一条条的田垄像小学生的田字格本，规划得整整齐齐。"阡陌交通，鸡犬相闻。"温馨的田园景象果如诗中所言。墙角的那柄锄头被母亲擦得宛如湛蓝蓝的天，里面可以晃出人影来哩。

三只大红母鸡倒是没得空闲，轮流上岗，每天保证三个鸡蛋出来，母亲的小笆箩里积攒着，等我们回去，定要分装在棉絮里，叫我们一一带回来。那一个个似乎还留着母亲体温的红皮鸡蛋，掂在手里感觉分外的重。敲开一个，黄得如一团温润的玉，软软的，印刻在儿女心头的却是一个个鲜红的太阳。"咯咯嗒、咯咯嗒"，窗外飘来三两声呼唤，母亲颤巍巍地走过去，撩开帘子，侧着身子蹲下去，从铺着干稻草的鸡笼里掏出一只蛋来，她喃喃着："小东西真是不简单哪，一天都不歇窝呢！"再回来，她早端了拿温水调拌的鸡食，慈爱地分拨在三只母鸡的鸡槽里。母亲站在一旁，看着它们争抢吃食，一脸的满足。

第二辑
淡淡乡野风

三月,大地虽不见什么动静,可是那些物种的发育像十六七岁的姑娘一样,悄悄地开始了。覆盖的是激情,孕育的是生命。微微隆起的芽孢像少女初绽的胸脯,带着点羞涩,藏着份秘密。柳条在粗粝的风沙中也抒出了一抹颜色,婀娜的身段在清风中渐露端倪了。三月里的姑娘,冬衣都甩下了,花枝招展的模样娉婷在小路上,俨然一幅绚烂多彩的油画。路人情不自禁偷偷地送去一瞥。

春风吹到哪儿,哪里就有花儿开。还有几天就到惊蛰了。地上的小虫子该纷至沓来了。大地少了它们的弹唱就少了许多欢闹。空气中仿佛有一种神秘的精灵,闻着气息而来,等到嗅到春踏踏实实地来了,便一声令下舞台齐亮相。集市上各种蔬菜种子都已上阵了,土豆呆头呆脑的,任谁挑了去,削削砍砍埋进土里,漫长的等待,家族就可以繁衍壮大啦。

乡村的调子是一曲民土风情的歌谣。酒足饭饱之后,吹一曲唢呐,喊两嗓子打夯歌,宽大的手掌"啪啪"地将面皮鼓打响,悠悠的乡情便拨弄起村里人血脉里那根铿锵的弦。老花猫闭着眼在阳光下打盹,多少年就像一张张抽屉一样出来进去了。

成群的鸽子绕来绕去,村庄是它们心里的方圆。走近三月,袅袅的炊烟升起,乡人的日子便在月份牌上醒目出来。什么时候春分了,何时该下种了,都含糊不得喽。一个节气一个节气像是催促的哨音,人们都紧锣密鼓张罗起来了。

父亲背着手望望天,望望村,春的尽头就是秋了。日暮寒鸦绕,夜深孤星垂。村庄的名字很土,却像一块碑石矗立在乡村儿女的心坎上,如地界一样,斑驳不清,却岁岁年年。

从这里走出来的人都像被印了胎记一般,烛火客船上,打捞起的便都是捻不断的乡情念珠。纵然你千山万水看遍,喝下两口家乡的红枣酒,枕着一块方头巾,仍能酣睡在乡村逸事里。

阳光轻抚，
梦想萌芽

乡村三月，短短的如一截春藕，脆生生的，还带着朦胧的水汽。不打紧不打紧，小燕子归来春事就多起来了。乡村三月，不过是气势磅礴的交响乐前的一个小序曲而已，并不打眼的。

第二辑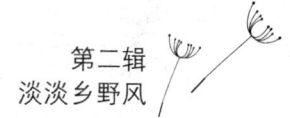
淡淡乡野风

遥远的村落

秋声渐渐稀落，树叶开始大片地脱落，像离家的游子，不知所终。

城市里也能听到鸡鸣狗叫，只是它们仿佛是从遥远的彼岸传来，不入心，没有味。乡村的鸡犬相闻是晒在阳光下的棉絮，散发着暖暖的时光的味道。我所熟悉的小村庄像一曲曲嘶哑的胡琴曲，时断时续地在我的心弦上匍匐侵袭。

父亲把那支长箫取下来，擦去浮尘，轻轻吹起那些沉淀在岁月中的音符。母亲或轻或重的苍老的声音便在那音符中化成一条飘扬的丝带，慢慢拂去落在他们心头的尘埃。

在这样的曲声中，我愿意一个人出行。路程不远，围着村庄绕来，又绕去。像一只迷路的羔羊，徘徊在它走失的牧场。村庄的味道是柴火的霉味、牛粪的腥臊，各种庄稼散发的成熟气息交织弥漫，混沌而清晰，遥远又咫尺。我背负着深情的目光出走，却难以走到它的尽头。

方言像一条河流，牵连着村落里的脉络神经。外地人摸不到这把钥匙，小村便会迎来众多探寻和质疑的目光。小村的人被偷偷印了戳，方言就是那枚印章。孩子、老人乐陶陶地说着土话，像共同找到了通往村庄的那条唯一的乡路，纯朴的笑脸中遮不住的是秘语交流般的畅快。

阳光轻抚，梦想萌芽

村落小了，天地便大了。

田野里盘旋的鹰做路过时的礼貌问候。高空下的俯视，村庄如安详的老人，在静静地熟睡。小河环抱着它微波轻漾如舒缓的摇篮曲。没有峭立的悬崖，没有凌厉的风难以托起高翔的翅膀，再美的风景也是靠不住的天方夜谭，醉倒温柔乡的神话终是褪不去的青涩。

大雁是多情的鸟儿。来去的迁徙带走的是浓重的相思。自古以来，人们赋予它许多美妙的情思。"雁渡寒潭，雁去而潭不留影。""雁字回时月满西楼。"从北向南，带走的是思念；从南向北，捎回的是春天。我悄悄谛听，渴望听到翅膀摩擦气流发出的那种强有力的生命搏击，然而没有，我只听到一两声羊的哀叫从栏圈里咩咩地传出。

细雨中的乡村，炊烟是美的，香味四溢在街巷间，小石径湿湿滑滑，犹如少女欲言又止的心事；白雪覆盖的冬天，小村美得入画，只能是中国画，写意散淡，如枯枝上的两三只鸟雀，叫不出声，却缠着你的性子。水是村庄的灵魂。所有的陈年旧事都可以在清浅的水流里洗净，只剩下一个背影，一声叹息，两三点旧梦。

我的父母日渐老去了，小村也老了，老了的小村受不住外边的喧嚣，静静地沉默如一滴水，一粒尘，一朵云。秋天，小村的云是美的，大朵的花团，慵懒地铺张，全然不顾你肆意的眼神掠走那份闲逸之美。

我静静地漫步，不时享受着乡邻唤我小名时的那种久违的亲切。我就是这里放飞出去的一只风筝，线却始终还挂在树梢上，在晚风中飘摇。晚霞不知何时端然盛装。灿烂的玫瑰红，宛若含羞的新娘幸福的红晕。乡村的孩子早早就学会了看云识天气。"朝霞不出门，晚霞行千里。"曾经日暮时分，爷爷的一双大手一边飞快地搓动麻绳，他一边抬头望着云小声地嘟囔。

小村的四季始终是一帧帧精美的图画，镶嵌在每一个患有怀乡病的人的心里。逃不脱的春秋轮回，走不出的乡村版图。

我宁愿，被岁月点点风化成一片落叶，成为村庄的一枚永久书签。

第二辑
淡淡乡野风

晚　　荷

已经到了八月底，我悻悻地骑上车子去了南湖。这段时间我心里一直有块阴云笼罩着，做什么好像都不在状态。

随着人流穿来穿去，车子渐渐地走出了闹市区，路上行人越来越少，天地也越来越敞亮。周边是刚拆迁的十九个村庄的空地，高楼正在建设中。一阵风吹来，两边繁密的草木窸窸窣窣轻轻摇动，空气中散发着一阵淡淡的香。我走了这么久，才算和自然有了这么近的距离。

我又骑了不知多长时间，终于在午后来到了湖边。那片浩渺的湖水，白茫茫看不清的边界，似乎与天相接。湖上水汽弥漫，远山、树木、亭台楼阁、小船都影影绰绰，似海市蜃景一般。人在岸边，不知是古人穿越来到了今朝，还是今人横渡返回了古代。精神也恍恍惚惚，茫茫不知所游。

复前行，一股清香扑鼻而来。这时节，怎么还有那么浓的香味？我不禁苦笑。

慢慢地骑着走着，突然眼前一亮。啊，那么一大片生机勃勃的荷花，荷叶比六月的小一号，花都是单瓣，它们竟开得妖娆，开得忘我，开得恣意！好一片迟到的风景！"秋至皆空落，凌波独吐红。托根方得所，未肯即从风。"

阳光轻抚，
梦想萌芽

我忍不住停下车子，一时看得呆了。

圆圆的匀称的像经秀手裁出的荷叶完全随意地铺在湖面上，上面缀着的晶莹的水珠，好像洒落到玉盘里的一颗颗闪亮的珍珠。碧荷之中，一支支巨橡似的粗壮的茎挺立出来，举着花苞，像一把把燃烧的火炬屹立在湖面上，好不威风壮观！荷花也有千般姿态，万种风情。有的半开半合欲说还休，有的绽开笑脸尽情欢歌，有的如握紧的粉嘟嘟的小拳头，有的如藏着的火焰在默默燃烧……

此时，高树上的蝉噤了口，秋虫开始弹琴长啸。各种花相继谢去，不堪寒露，谁能想到还有这么一大片毫无遮掩的荷花，像赶场的舞者，在蓝天下粉墨登场，唱起了主角。湖里安安静静，青蛙也不见了踪迹，只有小鱼安详地在花叶间穿行，幸福地享受这迟来的盛宴。

看着这独特的风景，我的心也慢慢地舒展开来，在阳光下明媚起来。这些迟来的使者，在等待绽放的路上不急不躁，忍受着孤独寂寞和众人的嘲笑，只是静静地吸收阳光雨露，储备下充沛的营养资料，在最辉煌的时候才选择尽情释放自己。

是的，心门紧闭的时候，天地只有拳头那么大；心若冰清，天塌不惊。心态决定了生活的质量。"春风得意马蹄疾，一日看尽长安花"是一种生活，"千淘万漉虽辛苦，淘尽黄沙始得金"更是一种锤炼。

当你失意彷徨的时候，当你举步维艰的时候，当你感觉处在人生低谷的时候，要记住：心始终是高扬的一面旗帜，要坚信所有的成功都来自不倦的努力和奔跑，所有的幸福都来自平凡的奋斗和坚持。就算风光不再，也要有"秋阴不散霜飞晚，留得枯荷听雨声"的气魄，那才是一种人生大境界。

带着这么一点收获，我蹬车飞奔回家。

第二辑
淡淡乡野风

　　八月晚荷,据说是保存在木炭灰中的千年古莲种子栽种出来的。秋风中,它们昂首挺立如戟;秋水里,它们深情相握如城。原来,黑夜是为了呼唤黎明,沉睡是为了迎接醒来,坚守是为了储蓄明天!

阳光轻抚，
梦想萌芽

炊烟里的春天

白花花的阳光下，一位老人佝偻着腰，在田垄里忙碌着。那耀眼的银丝随着她的动作不停地抖动。田野里寂静无声，只有各种小虫子欢快地鸣叫。玉米正在吐穗，浓密的庄稼地里弥漫着难言的暑气。

"妈，你怎么又跑来采菜了？"我边嗔怪着母亲边从她手里接过了那满满一大蛇皮袋子的野菜。母亲笑吟吟地望着我，眼里一片喜悦。汗珠从她脸上淌下来，额前贴住几缕碎发。

她搓搓两只手上的泥，撩起衣襟擦擦汗，然后很轻松似的对我说："你说上次给你们带的野菜你们都爱吃，今早上我特意赶着你来之前出来采。这野菜没农药，吃着放心。"母亲说着，又蹲下身去采下两大把塞进去。"妈，你不是腿疼吗？还逞强。快回去吧。"我催促着。母亲孩子似的一笑，嘴上答应着。她不让我再沾手，却拖着一条病腿一瘸一拐地抢到我前面，时不时弯下腰去采下一大把鲜嫩的菜。

走在田垄里，宽大的玉米叶子伸拂过来。母亲走在前面，替我挡住了一些叶子。她腿脚吃力，走路一摇一晃，显得有些滑稽。七十多岁的母亲瘦弱得像一阵风，穿了几十年的花衣服空空荡荡的，随着她的身子左右摆动，像秋千架一样晃疼了我的两眼，我的眼里一片湿润。

母亲的鞋上沾满了泥,像两只长途跋涉过的大船。裤脚也都被打湿了。她穿着我穿过的一条旧裤子,十多年了,早已褪了色。本来比我高的母亲现在却矮了半截,她在裤腰上系了一根布条,叠进去一大折。

我端来一盆清水,让母亲洗手。母亲把手伸进去,我也伸进去,我握住母亲的手,要帮她洗。母亲先是不肯,执拗了几下后,她就乖乖地等着了。

母亲的手干枯得像老树皮,一条条青筋暴突,像土壤外面伸出的根须。我轻轻地抚摸着母亲的手,仔细地洗去藏在纹路里的每一点汁液。这一双操劳的手,像犁耙一样耕耘着岁月,精打细算地安顿好春秋。母亲坐在那里,笑呵呵地望着我,阳光密布在她的脸上,幸福的光圈在她的眼角周围波动。

想起了小时候母亲给我们洗头,我总是嫌水热,闭着眼大呼小叫的。而母亲的手总是轻轻地落在我的头上,我感觉就像被一朵温暖的云罩着,舒服极了。母亲嘴里还要不停地安慰我:"没事,没事,这就好了。"每次帮我们洗完头,我发现母亲都是满头大汗,也像是洗了一样。

小时候的我经常生病,因此得到母亲的疼爱和照顾也就最多。一入冬我就开始咳嗽,母亲每一个冬天都要背着我往返于通往乡医院的那条小路上。我趴在母亲的背上,渐渐熟悉了她粗重的喘气声和风弹奏她瘦弱肋骨的奏鸣声。那种声音像一部交响乐,裹挟着风的悲鸣,气势铿锵地飘荡在崎岖的小路上。

母亲的背莫不是就这样被压弯的吧?

上高中的时候,母亲破天荒地去看我。学校有规定,平时不让探望。隔着学校大门,母亲递给我一双黑条绒棉鞋,塞给我一把毛票。那是她刚卖完菠菜的钱。母亲是跟着别人的车来的。看着她坐在拖车上回去,灰色的头巾和破蓝棉袄在寒风中一颠一簸的,像汪洋里一条破旧的小木船,缓缓消逝在风浪深处。

一阵风吹来,院子里的花香扑鼻。阳光下花儿开得灿烂明媚,每一瓣

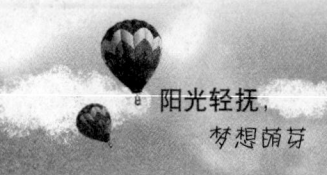

阳光轻抚，
梦想萌芽

花里都传出蜜蜂的嗡嗡声。花的蜜在悄悄酝酿。阳光来过的地方，就会有春天。

母亲看着干净的手指，又看看我的指甲，说："指甲白说明贫血，你要多吃些枣。"我告诉她我不贫血。可是她还是不相信，洗了枣一粒一粒挑选着给我吃。看着我吃她很满足，嘴角的皱纹一圈一圈地荡漾。母亲的牙又落了一颗，说话有些漏风。说话间她取出了一瓶洗发液给我，我说留着你们用。她说我们这点儿头发用好洗头水没有用。她说这是她特意从别人那给我买来的名牌洗头水。我笑着收下了。她又取出别人送她的两个咸鸭蛋，给我煮了。鸭蛋坏了，她叹息着说可惜了。我没有说话，眼里却涌起了大片潮水。

中午，她让我躺下来歇歇。她拿着蒲扇不时地在我面前挥，有时不经意地就落到我的胳膊上，然后她小心地在我胳膊上拍两下。她没有睡，等我睁开眼来看时见她正目光灼灼地望着我，我假装睡去，眼里一片朦胧。

我临走前，母亲坐在灶前烧火，帮我烫野菜。一大袋子的野菜她都烫好了，攥成一个一个的小球装好。鲜嫩的汁液流淌出来，染绿了袋子，也染醉了我的心。

血红的夕阳挂在树梢，玫瑰色的晚霞像一片燃烧的海。走出家门很远了，回过头去，见母亲还站在门前，像一片枯树叶。她身后的屋顶上飘散着缕缕的炊烟，它们相互纠缠着，一如母亲深情的目光。不管在哪里，它们都在。

跟着炊烟可以回家，炊烟里永驻着春天……

第二辑
淡淡乡野风

弯弯的月亮

　　已是六月初的天气,村庄的上空飘来即将成熟的麦子的清香。明天就是芒种了。

　　该种玉米了。母亲翻了个身,轻轻呓语了一句,之后就又睡熟了。母亲累了,她忙碌了一天。月亮移到窗前,正好将它那清亮的光辉从窗帘的缝隙间透过来,映在母亲的脸上。母亲老了,松弛的皮肤皱皱巴巴的,像怎么也抹不平的宣纸。熬了一辈子的风雨,她的牙松了,脚步也迟缓了。

　　白天的母亲闲不住手和脚。她拖着一条病腿,在我到来之前,就早早地准备好了给我带的东西。烫好了两大包的干菜,拔掉了小院里的水萝卜和生菜,煮好了腌得流油的咸鸭蛋,装满了大包小包的米和豆子。母亲像是为远行的孩子打理着,殊不知这只是我平常的一次回家。

　　做完这一切,母亲像个知足的孩子一样,长长舒了一口气。她恨不得将所有打包叫我带走,连同她自己。她热切地望着我,从上到下,仔仔细细地检查着我的健康。她将她听到的养生知识一股脑儿掏给我,叮嘱我照着去做。我替她剪指甲,她露出不好意思的笑,一双青筋暴突的泥土般颜色的手乖巧地伸到我的面前。

　　村子不大,母亲站在家门口,一眼就能看到村西头。我们常常从那个

阳光轻抚，梦想萌芽

方向回家。母亲也习惯了朝那个方向看。她叫人搬来了一块大石头摆在门口，于是她登上石头望着我们离开。我总是不大敢回头，怕流下泪水给人看见了笑话。我知道那个瘦小的身影最终会变成一个小黑点越来越模糊。母亲的寂寞拖出长长的尾痕。

村子里还有人赶了牛慢吞吞地回来。牛尾巴晃来晃去驱赶着蚊蝇，哞哞的叫声回荡在暮色中。我家的牛棚早已空了，再没有谁牵着牛羊走回来。母亲呢，有时呆呆地站立在牛棚前，看上半晌。春天她养了两只鸡来填补空白。

两只鸡都有名字，是小时候我们给鸡起过的名字。母亲亲切地唤着它们来喂食：佐罗，茜茜，快吃。母亲出神地看着它们吃食，嘴角残月一般挂着弯弯的笑，她像是在看小时候的我们哄抢着吃饭的场景。

母亲说，父母就要为孩子好好活着，让孩子们回来好有个家。家里换了新的门窗，母亲说新门窗不再漏雨，屋子就不会像她的牙齿那般老掉了。新门的门槛很低，母亲迈过去就不用手扶着墙了。

她穿着我买的休闲鞋，我问她合脚不。她说挺舒服。我看着干干净净的鞋面，没再说什么。我知道母亲只是在我回家时才穿一会儿，过后就收起来了。她不舍得穿。我穿剩的衣服到了母亲身上，身量都剪去了一大截。和我比起来，现在的母亲显得瘦弱矮小了许多。

田里喷洒灭草剂的时候，母亲忧虑的目光便像雾一般地飘来飘去。她担心着城里的孩子们吃不到无污染的食品。母亲院子里的菜，从来不打药。生了虫子，她便戴上老花镜，猫着腰一片叶子一片叶子地翻捡着去找。强劲的阳光像无数盏耀眼的聚光灯，炙烤着大地，而母亲连草帽都不戴，她怕帽檐遮住光线看不到虫子。

小时候喂牛，我经常会发现老牛总是不肯吃草，而是衔起一把草放到小牛面前，嘴里还低低地哞哞两声。那时候我一直不明白。当我把母亲带

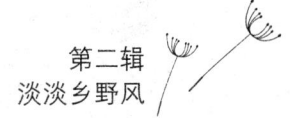

第二辑
淡淡乡野风

来的脆嫩的生菜放进嘴里的一刹那，眼前突然浮现出这一幕。嚼着嚼着，不觉有两行热泪在脸上流淌。每次，母亲都不肯给自己留下一点点儿。哪怕是别人送给她的，她也借口自己吃不完硬要塞给我们。

黄昏时分炊烟袅袅，一缕一缕青色的烟云带着老人的思绪飘出村庄。房屋静默着，老钟嘀嗒着。那口莲花缸的四周长满了浓绿的苔藓，散发着光阴的味道。出来进去，院子天空，母亲的活动范围小了又小，然而她思念的边疆没有界限。

村庄里有一首古老的歌谣，古老得就像母亲柜子里藏着的发黄的家谱。"长长的小河岸，牛羊踏着夕阳回。我的孩子他怎么还不回家？还不回家？"歌声如同弯曲的小河，一波一波漾进游子的血脉里。

母亲曾像个孩子一样地哭泣。那不过是因我的一句玩笑话，我说考不上大学我就不回来了，加上考完之后又有同学相约，在外地逗留了几日。刚进院子，母亲一看到我，就委屈地哭了。她不停地唤着我的小名不断重复着一句话："我以为你不回来了。"搂住母亲瘦弱的肩头，我笑着安慰她。那一刻才发现母亲是这么小。

高高的房檐下一个新搭的漂亮的燕子窝，一对瘦弱的老燕子飞来飞去，忙着捉虫喂几只嗷嗷待哺的小燕子。母亲笑着说："明年它们还会回来的。"

湛蓝的夜空，月色如洗。窗台上晾着母亲采摘来的蒲公英。一把把，一簇簇，一团团，金色的花朵在月光下闪着波，如一枚枚灿灿的金蔷薇佩戴在村庄的胸前。

"只为那今天的村庄，还唱着过去的歌谣。"流水潺潺，清风习习。弯弯的月亮，如一条银色的小船，泊在乡村温柔的臂弯里。

阳光轻抚，
梦想萌芽

一条鱼的盛宴

学校元旦为大家提供一份免费的午餐。他排在长长的队伍里，等候着领取。

终于轮到他了，窗口里的师傅冲他微微一笑。师傅不知怎么知道了他的情况，对他格外关照，每次都会多给他些饭菜。为此他心存感激，可是不知该说些什么。他跟母亲念叨过，母亲说："这是好人哪。要记住这好人。"

他恭恭敬敬地把饭盒递过去。这是父亲用过的那只特大号的饭盒。父亲换了个小号饭盒。父亲说高中正是长身体的时候，好赖要吃饱饭。他接过来时心里酸酸的，父亲扛着一家五口的生活，起早贪黑，饭量却比往日减少了许多。自他上高中后，父亲的担子更重了。

师傅慈爱地望了望他，给他盛了些饭菜，接着转身从另一个小盆子里给他捡取了一条鱼！他知道那是专门留给师傅们吃的。他感动得不知如何是好，眼里一片湿润。

捧着饭盒回到宿舍，他轻轻打开盒盖，闻了闻那条肥硕的大鱼，好香啊。他抑制不住地兴奋。学校放假了，下午他就可以回家。他重新盖好了盒盖，然后用力按了按。

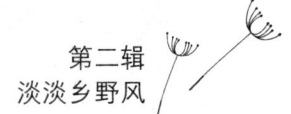

第二辑
淡淡乡野风

踏上那辆破旧的自行车,他飞奔出了校门。一路上,他唱着歌,寒风在耳边呼啸穿过,他的脸颊冻得通红。十多里的乡路没用多长时间他就到了家。

母亲正在装车,要到另一个村子里去交菜。他放下书包急忙帮母亲递菜,装好车。他拉着车,母亲在后面推,母子沿着弯曲的小路走着。母亲和他说着家常,告诉他今年家里的大白菜收获了两万多斤,可是没人收。只在附近的村子里有一处收,也才二分钱一斤。收菜的人很挑剔,砍掉外皮,只剩一个菜心。你要说半个"不"字人家还不要你的了,后边一车一车排着队等着交呢。母亲叹了口气,说庄稼人就是苦啊。

他安慰着母亲。在学校里他很少买菜吃,只是吃馒头就着家里带去的咸菜。每次母亲给他的几十元钱他都会攒下一些。到年底全部给母亲,让母亲置办些家里必备的东西。

母子二人卖完菜回来,天已经黑了。弟弟妹妹已放学回来了,他们懂事地喂好了猪和鸡,正在烧水煮饭。

掌灯时分,父亲也裹着一身疲倦回来了。一家五口聚在一起。小屋子里增添了许多欢乐。

他拿出了那条大鱼。弟弟妹妹高兴地直拍手。母亲满心疼爱地望着他那菜黄的小脸,张了张嘴,没有说话。她红着眼圈把鱼蒸进了锅里。屋子里立刻飘散出一股久违的香味。弟弟妹妹们努着小鼻子来回在屋子里嗅着,啊,真香,真香啊。母亲也连声说:"真是好心人哪。好人。"

一条香喷喷的大鱼端上来了。屋里停电了。母亲点上一支蜡烛,一家人围坐在烛火前。父亲夹了一大块鱼肉放进他碗里,并没有抬头,只是说:"多吃点。"他挑出鱼刺把鱼肉夹给了妹妹,笑呵呵地轻松地说:"学校食堂里总做鱼吃,我吃得到,你们多吃点吧。"父亲津津有味地吮咂起一块鱼骨头,眯着眼看着大伙。母亲忙着给孩子们挑刺。一家人说说笑笑。惨

阳光轻抚，
梦想萌芽

淡的烛光摇动着，小屋子里晃出一大片影子来，高的，低的，长的，短的，头碰着头，朦朦胧胧。红红的烛光里，他们的脸上都笼了一层幸福的云。彼此对视的目光里，分明有一团明亮的东西在流动。

那一簇烛火，就那么跳跃着；那一顿饭，他们吃得暖暖的。第二天，母亲破天荒地用黄豆换了一小块豆腐，做了美味的鱼头豆腐。

多年来，那条鱼的香，一直留在全家人的记忆深处，每每回味起来，都像是赶赴了一场心灵的盛宴，虽朴实无华，却丰富而高贵……

熟悉的味道

满屋子的人说着话,父亲是插不上嘴的,他只是探寻似的望望这个、瞧瞧那个,象征性地张张嘴,小声地咕哝几句什么。那一刻,我才发现父亲的确老了。

然而七十多岁的父亲是拒绝说老的。

他可以一口气刨完一分多的园子里的玉米茬子,可以咬着牙将那块大青石挪到门口,可以背着一口袋麦子爬上家里的小平房,可是衰老还是迅速袭击了他的逞能,夜晚酸痛的腰背,麻木的双腿,无眠的辗转,一股脑儿找上来,伴着他暗自叹息。这些都是母亲悄悄告诉我的。

父亲加入了村子里浩荡的"捡东西"的大军。夏天的麦穗,秋天的玉米、花生、红薯,他不如那些妇女眼疾手快,但他可以比她们走得更远些,时间更长些。一回到家,他就把那些战利品摆在窗台上、过道里、阳光下随处可见的地方,等到别人啧啧称赞时,他望着别人的脸色,满足得像个孩子。

家里人都反对他出去捡,怕他急火攻心得了病。他不听,只好劝他仅当乐趣、权当锻炼身体,不可认真较劲。春天,知道我们回来,他早早就出去采野菜。长长的曲曲菜泡在清水里,像浸了一块浓得化不开的翡翠。他观察着我们的表情,脸上的皱纹一道一道地舒展开来,他的心已盛开

阳光轻抚，
梦想萌芽

如莲。

　　冬天里，父亲买来一大堆的红山楂。他自己叮叮当当敲好了一个铁钩子，开始守着火炉，戴上老花镜，仔细地剜去山楂里的一个个核，之后煮上冰糖做成一瓶瓶的山楂罐头，等我们回来时，他便兴冲冲地端给我们吃。

　　吃着红玛瑙般的山楂，望着父亲那张沧桑、黑瘦的脸，心里不知被什么东西狠狠地撞击了，生生地疼。

　　是的，上学的时候，父亲每年冬天都要出去卖糖葫芦的。从去核、熬糖、蘸糖，到最后摔到湿柳木板上，父亲做得有板有眼。屋子里常常飘荡着欢乐的歌声和笑声。

　　第二天，父亲推上车子，走村串巷去叫卖那两百多串冰糖葫芦。稻草捆子上的糖葫芦渐渐少下去的时候，父亲冻得通红的脸也像糖葫芦一般了。"糖葫芦""冰糖葫芦""又大又甜的糖葫芦"……耳边仍然时常回响起父亲的一声声叫卖，每到冬天，街上看到卖糖葫芦的，我一定走上去买上两串。父亲的糖葫芦个大糖匀，总是卖得很快。一个冬天过去了，父亲的嗓子还是沙哑的。

　　我上大学的那一年，是家里最困难的时期。家里还有两个大学生，而哥哥刚刚毕业工作。那次父亲执意要去送我，两千多里的路程，我们挤在南下民工的车厢里汗流浃背。父亲没怎么合眼，他照看着行李，照看着我。因为我们的火车晚点了，在徐州下车换乘另一列火车的时候，父亲跑着去签字。等他大汗淋漓地跑回来，火车快开了。原来他们吆喝着父亲扫完了整个院子才给他签了字。那时，父亲已经五十多岁了，他的脚跟有严重的骨刺。

　　回来之后，他没日没夜地去工厂干活，积攒着钱去还家里借下的那些债。后来我无意中看到了母亲的那个记账本，上面写道：东家五十元，对门一百元，老姨五百元……岁月流逝，父亲的那双大手需要抡起多少次铁锤才能还完所欠下的几万元借款啊！深夜里父亲一声一声的咳嗽就像影子一样驱之不散，空空的声响俨然成了划破寂静长夜的呐喊。

　　九月的晴天里，父亲拿着瓶子去田野里给小鸡捉蚂蚱。他回来的时候，四只小鸡跑过来围着他欢叫。父亲眯着眼一副陶醉的样子。"给你，吃吧。""大个的这个，你吃。""别抢，你的在这儿呢。"父亲一边喂着一边对它们自言自语。小鸡们像是听懂了般，"咕咕咕"地叫着，轻轻地啄着他的粗手指。那熟悉的场景，仿佛回到昨天。岁月不过是拉远了时空，调换了主角，可故事依然还是那个故事。小时候父亲将剥好的栗子仁放在我们小手里时，不也是说着同样的话吗？只不过我们长大了，他变老了。

　　"嚓嚓嚓，嚓嚓嚓"，父亲缓缓的脚步声传来，拉着一些走远的时光走来。这样的声音，是儿时父亲牵着我们的小手踩在雪地上才发出的。时光渐渐化成了一堆雪，上面只清晰地留下了父亲深而有力的脚印。

　　有一种味道不会随着时间飘散，它始终蛰伏在记忆的最深处，慢慢发酵，直至芳醇弥久，点染生命的四季，让我们在日益浮躁的尘嚣里，仍能醉倒在它温柔的怀抱里，不知寒暑。

远近一幅画

近了，近了。老家的容颜，一点点儿打开了。

茂密的树林在头顶上撑着一把把巨伞，蝉声响成一片。清风自在地吹，夹杂着玉米的甜香。暑热里，茂腾腾的庄稼在拼命地拔节。

父亲站在门口，习惯性地眺望着村西口。老了的父亲，每日里的守望，盼归变成了唯一的信念。儿女的放飞，不知是断线的风筝，还是信念的远航？岁月留给这里的只剩下相依相偎的两位老人和屋檐上大片的青苔。一只鸟陪他们一起生活着。出来进去，除了他们的影子，再不会多什么了。

父亲的脑海里只存储着三个号码，那分别是三个儿女的手机号码。可是他又很少真正去拨打那些号码，他实在找不出打扰孩子们的理由。想解闷有鸟儿呢。有啥话都可以跟鸟儿说。说了也不怕它笑话。可以一会儿叫它老大，一会儿叫它丫头，一会儿又叫它多头。那都是三个孩子的小名。那时候，叫着他们的小名，一个个回答得响亮，生活多有盼头啊。到过年卖了猪再给三个孩子一人扯上一身新衣服，看他们欢蹦乱跳小老虎似的，浑身真有使不完的劲。一转眼孩子们都大了，有出息了，一个接一个地飞走了，自己的精气神也都丢了。这日子，就剩下数数了。盼星星盼月亮，数着他们哪天回来，又数着他们哪天离去。唉，人啊。鸟歪着头听老人磨叨，不时撒娇似的"嗯嗯"两声表示听懂了。老人叹了口气，对着笼子吹了声口哨儿。小鸟含混不清地喊了一嗓子"毛主席万岁"。老人"嘿嘿"地笑了，那是闲着没事他教给它的。他高兴地把自己的大手伸进去，小鸟像个孩子似的把他的手指头一个一个都含了一遍，又轻轻地一个一个去啄。有点儿疼，不过挺舒服，老人很喜欢这种感觉。孩子们小的时候也常这样咬他的手指头。他有些醉了，醉倒在过去的这条时光的长河里。

谁能不记得那些生动的画面呵？他给小鬼们洗头，带他们捉蚂蚱，去游泳，给他们讲鬼故事，吓得他们小猫似的围着他，他多骄傲啊。想起这些，老人又忍不住笑出了声。那时候他就是孩子们心中勇敢的渔夫，带领他们走向一个个神秘的城堡。现在，他无力地拍了拍自己衰老的腿，又叹息了两声。

他又走到那个窄小的院子里了。院子里有他亲手栽下的花花草草。他还辟出了一小块菜园子，栽了三畦西红柿，一畦黄瓜，一畦茄子。两个女儿常说西红柿美白，儿子和孙子喜欢吃黄瓜和茄子。这些菜都是他亲手侍弄的，生虫子了他就戴着老花镜一个一个捻死。现在他正弯着腰瞧里面还有没有裂缝的西红柿。正午的阳光肆无忌惮地照在他稀疏的头顶上，白亮亮的一片，晃疼人的眼睛。他的白背心有些湿了。孩子们没时间回来，西红柿摘下来大多都送给邻居了。剩下的这些，秧子也老了，怕是也挂不了几天了。今天4号，7号礼拜六。打过电话了，不知这个礼拜回来不回来。是谁说的过了礼拜三就是礼拜天。哪有那么快？要是真像做梦那么快，我就回去睡这一觉。到最后老人竟跟小孩似的跟自己赌起气来。

老人摇了摇头，望了一眼亮闪闪的太阳，抹去淌在脸上的汗。老伴说老丫头的孩子报名学游泳去了。其实我就能教他哩。到现在我还记得蛙泳的口诀呢。老人喃喃着，可是突然他又想起了自己的老寒腿，不禁懊恼地踢走了旁边的一粒小石子。

老人回到床上,拿起那本不知看了多少遍的《茶经》,迷迷糊糊睡着了。

鼾声响起来了。看不到他的鸟也叫起来了。它们此起彼伏,交织着,由近及远……

远了,远了。父亲的身影逐渐被拉长了,最后和老屋一起定格成一幅画——《父亲》,挂在老家四季的风景里。

父爱的感觉,就像那酸酸甜甜的西红柿的味道,还未张口,心里早已先酸成一片……

呼　　唤

　　冬季的一个晴天，我又回到了老家。

　　红砖油毡铺就的老屋顶上早已长出了一些野草，它们不住地在风中奏鸣。快乐的麻雀和喜鹊们常常在这里对歌。雨来过这里，雪落过这里，暗灰色的瓦檐数对着星月。

　　穿过屋檐下的通风窗口，燕子可以来梁上筑窝。春天听得到一窝窝小燕稚嫩的叫声。仰起头来，就可以看到飞进飞出衔着虫的老燕。蛛网罗织的墙角里倚着的那枝实心竹手杖，也只磨钝了半个节骨。耳边似乎依旧响起了那熟悉的有节奏的缓慢的手杖敲击地面的"笃、笃"声，伴着一句苍老的问话飘然入耳："孩子几时来的？"那个双手握住多节的实心手杖微微含笑注视我的老人，留下了满屋子的气息。

　　奶奶说，土地是有魂的。土地喂养的孩子，最终也要回到土地的怀抱里去。我相信奶奶在那里安详。

　　土地安静地看着我们热闹。

　　鸟呼唤黎明。村里同一姓氏的人就像老树分出来的无数枝杈，要在大年初一这天溯本追源，都到年长者那里去拜年。熟悉的房屋，熟识的脸庞，亲切的乡音，交织成动人的风景。一声声问候，一句句祝福，一份份甜蜜，

如一杯杯醇香的美酒，浇进肚里，落在心上，温暖着冬天。

新年是急促的鼓点，故乡是拨动的琴弦。无边的麦田，印着青苔的老井，乡间的小路，凹凹的大青石，院里的黑狗，似乎也在无声地召唤：归来，归来！

母亲一边递给我刚出锅的年糕，一边不厌其烦地告诉我过年的一些讲究：二十三祭灶，二十九上坟请祖，三十吃鱼肉富富有余……父亲掏出一把糖："你尝尝，这是人家给的好糖。"我发现这竟是上次别人送给我的几块大连特产糖。我回来时带给了父亲。没想到他不舍得吃又特意留给我。我剥开一块糖，心里酸酸的。

父亲的父亲、父亲的母亲都在泥土里歇息了。而我能够在我年迈的父亲、白发的母亲身边过年，这是多么幸福！幸福真的是一条河流，通过年这条血脉无声无息地把亲人紧紧地连接在一起。

在乡下，父母唤着我的小名。我唤着家里养的那只鸟的名字。它"咕咕，咕咕"叫着。父亲说它这是高兴了。我说着家里的土话，嗓子也痛快极了。

父亲把平日不舍得烧的发亮的煤块扔进炉子里，火炉燃烧得脸膛红红的，像喝醉酒的汉子。烧热的水管里发出一连串"咕噜"声，好像老人响亮的鼾声。

傍晚，我陪着父亲去遛弯儿。父亲坚持带我走走小路。小路坑坑洼洼，不如大路平整，但是靠近田地。父亲是在暗示着我什么吗？

我们放慢脚步，小路边有老牛"哞哞"叫。老牛眼神茫然，牛尾下垂。现在它们离开了土地，只被屠宰，并用作过年时吃的肉。曾经它们在土地里洒下无数的汗水，曾经它们喘着粗气犁耕出春天的希望，曾经它们吆喝着彼此运送回秋收的快乐。

父亲走得很慢，脚步抬得很高，放得很轻，像是在对着多年的老朋友倾诉。风声过来，传来厂房里的机器隆隆。一缕炊烟裹挟着父亲的目光飘

远。小河岸上的老树不多了,裸露的河床如老人瘦弱的胸膛。父亲抿了抿嘴,没有说话。沉睡的麦苗还未返青。

肥沃的田地在等待着。

我分明听到一声呼唤正从远处而来。

阳光轻抚，
梦想萌芽

老 人 鸟

碎金似的阳光洒落下来，老人的额头上已经布满了一层细密的汗珠。

他喘了一口粗气，来到房檐下蹲着。锃亮的锄头像一面镜子，闪着耀眼的光。老人望着他刚拾掇出来的巴掌大的一块土地出神。

"来呀，来呀。"几声鸟叫打断了老人的沉思。他笑眯眯地站起身，擦了擦大手，打开鸟笼上的小门，那只鸟就听话地停在了他那张宽大的手掌上。

鸟撒娇般地哼哼着，亲昵地挨个啄着他粗大的指头。老人慈爱地摸着它的羽毛说："欢欢，你好好活着，我伺候你啊。"鸟听懂了似的更起劲地啄着他的手指。他嗔怪道："再咬，我就不喜欢你了。"鸟停下来，瞪着黑豆似的双眼歪着头看他。他们之间有趣的对话一阵接一阵地进行着。

鸟和老人有缘。鸟不知从哪儿飞来，腿上受了重伤，飞到老人的小院子里就飞不动了。老人开始看不清是个什么东西，走过去才看出是只鸟。老人轻轻把它抱回屋，给它上药。慢慢地，它的伤养好了。

鸟和老人成了一对好伙伴。它熟悉老人的各种声气。一听到老人"嚓嚓"的脚步声就欢叫不已。老人每天给它嚼两粒花生米吃，喂它水果，给它洗澡。晚上，鸟就睡在老人身边，一声不吭。

第二辑
淡淡乡野风

有人肯出高价买老人这只鸟。老人摇了摇头。价码越来越高,老人还是摇头。

清晨,鸟醒了。它撒娇般地哼哼着。老人嘟囔一句:再等会儿,一会儿咱们就起来。鸟不出声了,乖乖地等着老人带它出去玩。

老人起来了,撩去他给鸟盖上的一件衣服,他怕蚊子叮了鸟。鸟撒着欢,百般逗老人开心。一会儿模仿老人的咳嗽声,一会儿翻几个跟头,一会儿喊一句"毛主席万岁"。老人享受着这一切。

老人像看护自己的子女般看护着鸟。有一次他怕水凉就想给它倒点儿热水,不知怎么鸟以为给它淋浴跑过来,烫了一下。鸟的一撮毛掉了,老人为此心疼了很长一段时间,直到鸟的新羽毛长出来他才放下心来。

小院里的土都翻了一遍。老人自言自语:真是老了?干这点儿活就累一身汗?我就不信。他计划着先栽一畦水萝卜。自己是咬不动了,可孩子们喜欢吃,城里哪能吃到不打药的菜呢?嘿嘿,嘿嘿。老人为自己的这些想法兴奋着。过些日子,再爬些黄瓜、西红柿、土墩豆角,叫孩子们都抢着带回家。想到这些,老人再次忍不住笑出了声。

庄稼地里都是宝啊。种什么得什么。住在那高楼中能吃什么啊?喝水都花钱。老人摇着头。听儿媳妇说香椿芽二十多元一斤。嗤!老人抬头望着那棵高过房顶的香椿树,摇了摇头,又叹了口气。

只要孩子们喜欢,等他们回来,准给他们采来鲜肥的曲曲菜,捡来大块的红薯。在土地上活着,多踏实啊。你给它多少汗水,它就给你多少回报。种子埋进去,希望就有了。

老人把撒下种子的小沟填平,又用力踩了踩。他直了直弯下去的腰,目光从锄头又到了那只鸟身上。

老屋屋檐的灰瓦上已经有了大片的青苔,浓浓的,像张不褪色的黑白底片,印刻着岁月爬过的痕迹。红砖灰瓦,积聚起来的是老人几十年的生

命树根。

鸟恋着树，老人念着他的老屋。悲欢离合踩在脚下，心里的天地也就豁亮了。

老人伴着他的鸟，在四季的版图上迈着步子。

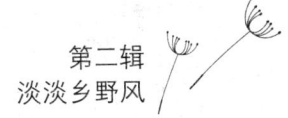

第二辑
淡淡乡野风

母亲呵，母亲

北方，四月的大地才尽显丰饶，它多像我的母亲，经历了漫长的冬，沥霜的寒夜，终于迎来了生命岁月里的春天。

（一）

北风呼啸的黄昏，有人告诉我要到村北边去上学了。那一刻，我的大脑里一片空白，只是想着跑去找母亲！我飞快地在风中狂奔，心里有说不出的难受。母亲正帮二婶家干活儿，满头大汗。听我断断续续地说完，她一脸温和地对我说："去吧，妈给你做双新棉鞋。"说完，她塞给我一个热乎乎的红皮鸡蛋就又开始忙碌起来。刚一转身，我就狂奔起来，脸上滑下两股热乎乎的东西。我再也不能坐在教室里看着母亲扛着锄头从窗口经过，回头冲我微笑了；再也不能望着母亲的身影一点一点儿消失在田野尽头了；再也不能下课后跑回家跟母亲要一块饼子吃了……再也不能了！可是母亲说得还那样轻松。母亲呵，母亲，你怎么能理解幼子对你的那份深深依恋呢？

夜晚，母亲坐在角落里就着昏黄的灯光为我赶制棉鞋。我缩在被窝里紧紧挨着母亲。母亲一句一句轻柔的叮咛随着一针一针细密的针眼牢牢地

阳光轻抚，
梦想萌芽

缝进鞋底里，也伴随着风声送进我的梦中。在梦里我似乎都闻到了母亲身上的味道。

穿上暖烘烘的棉鞋我去了新学校。穿过一条条小胡同，再经过一条小河，母亲终于松开我的小手，她微笑地望着我慢慢走进教室。

这期间，母亲给我用线穿起一个一个的秫秸秆帮助我数数；母亲边拉着风箱边笑呵呵地看着我们在大槐树下跳绳；母亲守在火炉前给我烤过尿湿的棉裤；母亲在没膝的积雪中握着铁锹帮我铲出上学的小路；母亲在我被老师问起不订校服的时候赶来交上订校服的钱；母亲还在全班同学都在吃冰棍而我躲在校园里时悄悄过来递给我五分钱……儿时的记忆像一幅幅拼图支离破碎，可是母亲留给我的印象永远是那么瘦瘦高高的，带着微笑，就像门口的那棵大白杨。

寒冷的冬天，使得我就像只病猫，常常咳嗽。于是母亲常常背着我去赤脚医生家打针。我胖胖的身体懒洋洋地趴在母亲瘦骨嶙峋的背上，坎坷的乡村土路，母亲吭哧吭哧走得吃力，伏在肩头，我能听到母亲突兀的两胯之间的关节来回摩擦的声音。来回几里地，母亲总是走得很快，她怕我路上受风，叫我别睡着，答应回去给我买罐头吃。因为生病多，所以我得到的母亲的关爱也多。姐姐常常撇撇嘴表示不满。母亲会说："大的要让着小的。"我就一直睡在母亲身边，母亲怕我蹬了被子咳嗽，夜里一直要留着心给我盖被子，而我也习惯了将手伸进母亲被窝里摸着她的大手。

有一天我放学回来委屈地问母亲："别的同学的妈都比你小，你怎么这么老了？"母亲笑而不答。"傻丫头呵傻丫头，你妈为了生你吃了不少苦，你三伏天一出生，你妈就落下了风湿。"邻居婶子听了说道。

相框里最早的一张黑白照片上：高高大大的母亲坐在中央，我和姐姐挤在她身旁，像两只小老鼠。身后是那座老屋。照片上的人和物都还年轻。

（二）

考上高中时，哥哥去送我。母亲将给我准备的行李卷好，叮嘱着我：住宿了，不比在家，要吃饱，别省着。母亲一字一句地说，我低着头，泪一滴一滴像断线的珠子。母亲笑着打趣我说，总守在妈身边长不了本事，小燕子总要出去闯练一番才能飞高。

母亲不会骑自行车，每次家里做了换样的饭菜她都会叫人给我送来。若是赶上没法送，母亲就会坐在桌前默默地念叨：要是三儿在家该多好。她恨自己不会骑车，要不说去不就去看三儿了？

深秋的一天，母亲突然来学校看我。那是她坐了三叔的车来集上卖菠菜。母亲站在大门外，身上穿着哥哥那件旧蓝棉袄，头上系着灰头巾，显得很苍老。隔着大门母亲跟我说了几句话，她告诉我家里大白菜收了两万多斤，哥哥的婚期也近了，叫我在学校多买菜吃，别舍不得。母亲说着，从里兜掏出一卷皱巴巴的毛票，数出二十元给我，她说高三了该加强营养，别惦记家里，家里都好说。母亲紧了紧灰头巾，坐上三叔的车一颠一颠地走了，我手心里攥住那二十元钱，握紧拳头，仿佛握住了母亲那双操劳的大手，麦芒针刺般的疼痛和心酸像一阵急流似的迅速袭击了全身。

母亲从不提及生活的艰辛，她总是相信日子会越来越好。直到有一天，我无意中发现了母亲的记账本，上面清清楚楚地记着我们兄妹三人上学时借的钱，当时母亲受到多少冷落，遭了多少拒绝，她一次次空手而归时内心是怎样的煎熬，她从没说起过。可是，看着她瘦得没了人形单薄的身子，听着她夜晚坐起来悄悄捶打自己疼痛的双腿时的叹息，我知道，她是以怎样的坚强挑起了这副担子。

（三）

"等我老了，你们给我买东西就买甜的。"小时候过年，就盼家里剩一

阳光轻抚，梦想萌芽

盒点心没送出去。这样我们就可以等父亲回来，一家人围在一起，看着母亲小心翼翼地拆开点心盒，一块一块地将点心递到我们手中。当我们高举着把各自的点心分给母亲尝时，母亲就会说起那句话。我们小口地吃着，仿佛在把幸福一点一点儿咀嚼进嘴里。后来我看日本电视连续剧《阿信》，看到阿信临出门前吃米饭时那种香甜的样子，脑海里马上浮现出家人分吃点心时的这幅情景。父亲总是推让着递过来的点心："你们吃，你吃吧，我不爱吃甜的。"母亲也总是固执地将最大的一块放在父亲手上。我们一手拿着点心轻轻咬着，一手在下边接着掉下来的渣，都笑眯眯的。小屋里的灯发出轻柔的橘黄色的光，映在五个人的脸上都有了生动的光泽，我们互相望着，笑着，大大小小的影子就在灰暗的墙上交织成一幅画。

现在，母亲的发白了，齿落了。老姨带来的北京稻香村的名贵点心她也咬不动了，她留着等我们回来，挑选出一块块花样繁多的点心让我们吃。老屋连同村庄也老了，河水干涸得如同老人枯了的眼底。母亲站在老屋前一次次送别我们，虽然根还在，可我们如同大树上的小鸟都飞走了，只剩下了空空的鸟巢，在风中落寞着。

晴朗的天气里，母亲躬身四处寻找着野菜。四月的天空，一场细雨将大地滋润得如同牛乳洗过一般。遍地金黄的蒲公英，开着白色小花的荠菜，一挤冒出白浆汁的苦妈子，一时叫你眼花缭乱。也许是从小吃惯了的缘故，我们唯独对曲曲菜情有独钟。这些野菜生长在盐碱地里，长着锯齿般细长的叶子，颜色青翠，叶子中间是暗红色的脉络，随手抓起一把塞进嘴里，一丝略带苦涩的清香的味道便在口中弥漫开来。母亲采来一把一把的野菜，择干净，放进冰箱，等我们回来。有一次我回去时，正赶上母亲早早就出去采野菜了。我赶到田里找到她时，她已经采了两大把，上面都带着露水。母亲拿着小铲，晃着灰白的头发，弯着腰仔细地辨认着。母亲说原先成片成片的曲曲菜现在少了，不好采了。说话时见母亲走路一瘸一拐的，摇摇摆摆得很像风中的一棵瘦草。最近她右腿疼,走起路来不方便,看得我心疼起来。母亲却不经意地说,吃的时候要先在清水里泡泡,生发一会儿,就可以了。无论是蘸酱吃还是拌豆腐吃,都好吃。她还说,晒干了,泡着喝,还能降血脂呢。回来后,我照母亲说的做了,青翠的大叶子在清水里伸展开,一片一片十分鲜嫩。吃着吃着,在那份浓浓的苦里不禁就想起了母亲,她多像这曲曲菜啊,扎根在贫瘠的土壤中,吸收的是土壤中又苦又咸的水分,却仍然生得青翠、舒展,不屈不挠。塞一把大口地嚼着,不知不觉一缕缕丝丝的甜便漫过心头。是啊,一个盐碱地里走过来的人,曲曲菜的苦已不只是肠胃里的记忆,它的汁液已流淌在血管里了。有这些苦味垫底,在生活里挣扎,努力,失败,坚持,还有什么苦不能尝?

"三儿回来啦。这是老闺女给买的鞋。老闺女、老闺女……"母亲喜欢絮絮地对来人说,一遍又一遍。我多希望永远有妈可以叫,多希望永远在第一时间把喜讯告诉妈呀。孩子的乳名只有在母亲嘴里发出来才最动听。轻轻地给母亲按摩,轻轻揉着她干枯的手,听着母亲熟悉的呼吸声,感受着内心春风浩荡般的舒畅。母亲安详地闭着眼,午后的阳光均匀地洒在她满是皱纹的苍老的脸上。

桥下,春水荡漾;空中,杨絮飘飞。一棵棵高大的白杨树,一如当年我们的母亲呵,它们总是那么远远地望着,那如云朵般飘飞的花絮是母亲们最深情的声声呼唤,是四月的天空撒落人间的爱的信使。

母亲呵,母亲,你就是那四月的天空,有美丽的白云、干净的风和清新的空气,永远带给我最温暖而舒适的阳光,最甜蜜而亲切的记忆。

阳光轻抚，
梦想萌芽

失语的河流

秋风起了，树叶趴在河岸上，听着风声。

小河水越来越浅了，像母亲流干了泪的眼眸，像父亲沉默已久的双唇。风吹过来，擦着它的肌肤，一阵一阵，歇斯底里。

守望着河流的是一片收走了庄稼的田野。一茬一茬的庄稼割了又起，似乎什么都没有改变，似乎一切又有了变化，在不知不觉的时光里变换了春秋。依稀听到流水声，那是祖母蹲在河边洗衣服的声音，大黄狗卧在她身边望着对面几只啄虫吃的花母鸡。"哗啦哗啦"，祖母的手在水的清波里熨帖得舒舒服服，她欢喜地对着来往的乡邻开着善意的玩笑。一圈一圈的年轮划出来，祖母带着她的记忆住进了村东头的一堆黄土里。河水渐渐沧桑，失了它的活泼。

沿着河道可以回家。无数次，在茫茫无际的田野里找不到方向时，总有一种声音在耳边提醒我：沿着河道可以回家。于是，走在绿草幽幽的河道上，就会看到成群的牛羊如起伏的山包，散落在宽阔的河道两旁悠闲地咀嚼着青草，嘴里发出一两声满足而惬意的低唤。温顺地将头伸过来蹭着你的裤腿的便是自家的羊了。拔起绳栓任由羊在前面领路，村庄的模样便在河尽头一点儿一点儿清晰地浮现了。

高大的白杨树上花喜鹊飞进飞出，它们总有说不完的话题。投一两颗小石子到河里，看着曾经旁若无人闲游的大白鸭"嘎嘎嘎"地扑棱起翅膀，黄昏就在这一片声响里走向丰富。听着这些此起彼伏的动静，心里便一点点儿安稳下来。西斜的炊烟袅袅升起，那慈爱的母亲一定是安详地坐在了灶前。

河的四周慢慢归拢了全村的热闹。一捧黄豆换回一大块鲜嫩的卤水豆腐，三五个鸡蛋换回一大盆活蹦乱跳的鱼虾，捏泥人的、耍猴的、变戏法的，各种声音彼此交织着、蔓延着，随着小河水无尽地欢腾奔泻，如同放电影一般一幕幕地定格成脑海里最鲜活的记忆。淳朴的笑脸，地道的乡音，熟悉的场景，它们与这条河流一起生动地诠释了故乡的含义。

一方水土养一方人。河水是一组组奇妙的因子，在乡人的血脉里构筑起了最亲密的经纬网。村庄、河流、田野，活动的地图这么小，却凝成了最坚固的城堡。无论走到哪里，牵动着情怀的永远都是巴掌大的这个小地方。

小河没有名字，就像母亲的名字从不为外人所知晓一样。一个"母亲"就是全天下人敬重的称呼。孩子们逐渐长大走出了村子，思念就像一根根绳牢牢地拴在母亲们的心上。只有到了逢年过节的时日，各家院落才重新热闹起来，村庄一下子显得年轻了许多。

儿时的玩伴举手投足都酷似他当年的父亲，谈笑间仿佛又回到了从前。父母却像当年的我们，孩子似的围坐在我们身边好奇热切地仰望着我们。时光一下子把我们重新安排了位置。

河床裸露着，西风猎猎作响。赤脚踩在淤泥中摸鱼的情景一去不复返了。干枯的小河流，你要对我说什么呢？

土地丢失了河流，就像村庄丢失了语言，母亲丢了孩子。她失魂落魄每天都在呼喊，喊她的孩子回家。家在哪里？家在梦里的小河旁。

遥望着河岸，大地没了语言，只有无边的野草在秋日的晴空下摇曳出一片灿烂与辉煌。

8 阳光轻抚，
梦想萌芽

拥 抱 母 亲

　　穿越思念亲人的四月，走入康乃馨满天飞的五月。在为别人失去双亲感到痛苦的刹那，我为自己能够随时随地表达亲情而幸福。我愿天下所有的母亲健康快乐！我深情地呼唤：母亲！让我来拥抱你！

　　母亲用瘦弱如菊的身体肩负着我们兄妹三人的成长，使我从此知道了坚强不再是铮铮男儿的专利；母亲坦荡如砥的心胸包容着人世间所有的粗鄙和龌龊，使我从此明白了宽容不再是天地之间的奢侈品；母亲温柔如雨的深情滋养着我们贫乏而又富有的童年，使我从此相信有爱的日子就不会寂寞。母亲，我爱你！

　　母爱是一条小河，我始终走不到你的尽头。记得小时候，我身体很差，经常发烧呕吐。每次生病，都是你背着我走几里地去打针。趴在背上，我分明听到你干瘦的两胯在风中的奏鸣声。虽然是寒冬，可是你的脖颈像雨水打湿了一样。感受着你凌乱黑发的抚摸，我忘记了病痛，觉得自己真的是世界上最幸福的人，但愿时光能够在此歇脚。多少年过去了，这个剪影在我的脑海里根深蒂固，挥之不去。

　　母爱是仲夏的花香，我始终氤氲着你的气息。那次我做手术你不在身边，因为姥姥就在那天送葬。天灰蒙蒙的，我觉得自己如断了线的风筝没

第二辑 淡淡乡野风

有了依靠。出了手术室，你一把就抓住了我无力的胳膊。我像看到明媚春光般地流下了泪。母亲啊！你是顶了怎样的心灵之痛匆匆来到我的身边的呢？刚刚遭受失去亲人的打击，你还要强装笑颜抚触我脆弱的灵魂。你的脸上是多么凄惨的笑容啊！你怕啊，怕老天再夺去你的心头肉。你在和时间赛跑吗？命运实在不应该再捉弄你如霜的心。你的眼里没有了泪，却万箭穿心般让我更加难受！那里面滴滴全部是血呀！写满一个无助的母亲苦苦的挣扎。我的母亲！在照顾我的日日夜夜里，你只字不提去世的姥姥，只是给我熬药，说些宽心的话。我多么希望你能够痛痛快快地哭一场。可是你都藏进了心里默默流淌。看到含辛茹苦把我拉扯大，供我上学，为我高兴、为我提心吊胆的母亲，仿佛一下子苍老了十岁，我总是在无人处，或是在夜深人静时，独自黯然伤神。

母爱是枝干苍劲的大树，我始终在你的绿荫下走过春夏秋冬。还记得我考上大学的那一年秋天，飘零的花朵在垂暮里渐渐枯萎。你那么急匆匆地为我筹集四千多元的学费。其实早在哥哥姐姐上大学时就已经借遍了所有的亲戚，可以说是债台高筑。所以这一次，善良的人们对这个一贫如洗的家也失去了原有的耐性。"上不起就别上，我们没有多余的钱搞赞助。"硬邦邦的话砸在有着极强自尊心的母亲的头上，她无话可说。咽下泪水拖着满身灰尘回到家时，嘴唇上烧出了一堆火泡。嗓子和牙床都肿了。直到开学前一天晚上，母亲终于凑齐了学费。当她把包括几分钱在内的学费缝进我贴身内衣时，我的泪，竟忍不住落到了母亲树皮似的手上。"妈——"我不能自已，再也说不出一句话。母亲也流了泪。"好好念书，将来记着人家的恩情。"我使劲儿点了点头。现在我终于知道了，走投无路的母亲，坐车去了八十里外的城里的远房表亲家，用自己的人格作担保，换来了我的学费。揣着母亲的深情，携着母亲的嘱托，我踏上了异地求学之路。我知道我走之后家里的日子会更加艰难，打酱油的钱都已充作了我的路费呀。

阳光轻抚，
梦想萌芽

风风雨雨几十年，时时刻刻在付出爱。这就是我平凡而伟大的母亲。岁月将你打磨得腰弯了、背驼了、发白了、牙掉了。可是，你还是如雕塑一样，守着、盼着、望着、想着。

母亲，我最爱的人，我这一生都不能回报完你的春晖。你是我一生最牵挂的人。

心中一想起母亲，我就会感到万分幸福。我的一切的努力都有了意义。我不会因了自己的贫穷或距离的远近而忽视孝敬母亲。学会珍惜拥有才能储蓄快乐。让我们抱一抱年迈的母亲，去倾诉那份人间的挚爱和亲情……

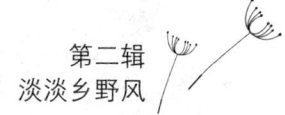

第二辑
淡淡乡野风

母亲的呼唤

每天早晨,我都会被床头小闹钟的乐曲叫醒。在按下开关的时候,我总会不由自主地想起儿时母亲的呼唤。

那时家里房子小,母亲便让我到三叔家去住。这样,每天早晨,母亲就穿过黑漆漆的胡同,到窗子下喊我。冷风咆哮着,大地还在睡梦中,连最勤劳的老农都还没起床。四周黑咕隆咚的,母亲顺着风向喊我:"成人呀,起来啦。该上学了。"树木"呜呜"地响,远处的几只狗被吵醒了,狂叫了几声就悄无声息了。母亲还不罢休,听屋里没啥动静,提高了嗓门,重复着那几句话。冬日里的母亲总是围着灰头巾。那时我就决定,等将来挣了钱一定先给母亲买个好围脖。可是直到现在,母亲也没舍得丢下它。我极不愿从热乎乎的被窝里出来,就先答应一声:"知道了。"身体却翻个个儿蒙头继续睡。母亲听到我的答应,赶着回去给家人去做饭。等做好饭,见我还没起来,母亲再次匆匆地赶过来喊我。这次语气就很急了:"成人呀,你给我起来,你听到了没有?饭都凉了。快点儿!"我不敢再赖着,一骨碌爬起来,半睁半闭地跟着母亲回家,以致后来邻居大叔见了我总要开玩笑:"成人呀,将来你要是念不好书,可是对不起你妈啊。"母亲总是在旁边微笑着,轻轻地说:"这孩子,觉多着呢。"我的心里滑过一股暖流。就

阳光轻抚，
梦想萌芽

这样，多年来，我习惯于母亲的呼唤，享受着声声呼唤中散发出来的母爱，直到我上了高中。

开始住校时，我对于学校的起床号无动于衷。迷迷糊糊中，我被人推醒，还以为是打雷了呢。一个月后，我就偷偷卷着行李回家了。

到了家，母亲看到我并不惊讶。到了晚上，我才吞吞吐吐说不想上了，功课跟不上。母亲看着我，笑着说："是功课跟不上还是想家了？妈不能跟你一辈子啊。"我的鼻子一酸，泪水无声无息地滑下来，母亲看穿了我的心事，其实我就是想在母亲身边待一辈子啊。第二天下午，下着密密的雨。我穿着雨衣三步一回头地离开了家。母亲站在屋檐下，一直望着我，我的脸上已经分不清是泪水还是雨水了。直到看不到母亲的身影了，我才大声地哭起来。我想，等我念完书，一定不再离开母亲。

没想到，我离母亲是越来越远了。我去了千里之外的异地求学。那时家里没有电话。离我家较近的村支书家里有电话。我和母亲约定，每个月的最后一个星期日的晚上七点钟，我会给母亲打一个电话。忙完一天农活的母亲，早早就等候在电话机旁了。刚响一下，母亲就抄起电话，可是拿着听筒不知说什么，说起话来语无伦次，只会一连声地答应。后来，村书记家人都知趣地提前躲出去。可母亲还是拿着话筒对着不会说话。有一次，我问母亲："妈，你还记得小时候你喊我起床的事吗？"听筒那边半天没反应，我不知道母亲在干什么，半晌她说："还记得。"我突然有种冲动，好想攥住母亲的手。我说："妈，你再喊我一次吧。"母亲听话地喊了一句："成人，起床了。"紧接着就听到听筒那边传来了抽泣声。而我也早已是泪流满面。

多年来，我就像珍藏宝物一样珍藏着母亲的呼唤。每次听到这声声呼唤，我又仿佛看到劳碌了一天的母亲正坐在昏黄的灯下锁着扣眼。一晚上二十件西服，挣五毛钱。一百件西服，两块五。母亲就因为这样早早戴上

第二辑
淡淡乡野风

了老花镜。而我们兄妹三人就是靠母亲这样没日没夜地辛勤劳作供出来的。正因如此,放寒暑假我都留校拼命打工,为的是替母亲多分担一些。而越是不回家,我就越是想念母亲,想念儿时每天听到母亲的呼唤时心中洋溢着的幸福。

母亲的呼唤,是徜徉在我心弦上最美妙的音乐。舍此,我将一无所有。

奶，拍照

"奶，我给你照相。"我冲着奶奶比画着，奶奶明白了，她很快找出一件干净的衣服换上，乐呵呵地挂着拐棍儿来到屋前坐在椅子上。那条跟了她多年的黑狗也走过来依偎着她卧下。身后是她住了一辈子的老房子。房檐上的几根断草迎风抖动着。"奶奶，看这，好，奶，拍照。"我迅速地摁下了快门。

冬日的阳光暖暖地透过窗子均匀地铺在床上。我轻轻地抚摸着这些照片，往日的情景仿佛就在昨天清晰地浮现在眼前。可是岁月无情，奶奶已经离去一年多了，我还时常感觉到她的存在，好像她只是出了一趟远门，不久就会回来……

过年了，过年了。蒸年糕、剪窗花、贴年画……奶奶在的时候，才像是过年。这些都是她每年过年必做的功课。她一年到头都不肯歇歇脚，到了过年就更忙得不亦乐乎。她越忙活，就越高兴。她乐呵呵地说过年就图个热闹。我没听到过她喊累。她身上好像总有使不完的劲。她那样喜欢花，屋里上上下下都摆满了花，个个都像她一样焕发着精神。她常常得意地问我："看我这盆君子兰长得怎么样？"墙角里的那盆君子兰的叶子绿得简直要滴出汁来。我告诉她我们办公室的那盆可比不上她这盆的叶子又宽又绿。她总问我会开花吗？我说会的会的。可是奶奶没看到它开花就走了。

她曾经送给我两盆花，一盆桑叶牡丹，一盆也是君子兰。都是她把捣细的花肥交给我并叮嘱我定期施肥。以往过年的时候，这两盆花都会竞相开放。可是今年过年的时候一朵花也没开。看来，它们和我一样，很不习惯奶奶不在的日子。

每次回老家，我都要买上奶奶最爱吃的糖枣，还有她喜欢抽的烟。那次妈妈对我说以后别买这些东西了，看到我涌出的眼泪后妈妈就再也不提了。我还常跟妈妈说起"我奶"这个字眼。有一次吃饭时我又无意中提起"我奶"两个字，害得父亲擦了几次眼睛。有好多习惯我仍旧改不了。听到戏曲时我就会想起奶奶，看到集市上挎着篮子的蹒跚的老太太的背影我也会想起奶奶，走到超市买一大堆好吃的东西时我还会想起奶奶常说的话，"别总给我买那么多东西了，奶奶吃不动了"。我想起奶奶，因为奶奶一直都记得我，从来没有忘记过我。即使是在她得了老年痴呆症分不清谁是谁的时候，她也一直记得我的乳名，也认得我。到最后她不会说话了，对我她也总是用"嗯"表示依恋和不舍。

每当夕阳染醉天边的时候，倚在窗前我常常想起奶奶。想起帮奶奶梳头，想起给奶奶戴花，想起喂奶奶吃橘子，想起给奶奶讲故事，想起替奶奶举着烟让她一口一口地抽，想起拍奶奶睡觉的情景，想起，想起……总是会想起。

满天都是烟花，一朵，一朵，又一朵。盛开，消散。奶奶怕是和它们在一起的吧，她在天上望着我，笑呵呵的。跟往常一样，笑着。我懂得她笑容里的意思：像奶奶这样笑着过一生吧。奶奶，你放心，我会的，永远微笑，因为，抬起头，奶奶您就在那儿不远处。

奶奶，奶奶，你在，一直在。我相信。

只是做了一个可怕的噩梦而已。我相信，你还在我的身边，虽然我看不到你，但是我的心分明能感觉得到。

来，奶奶，拍照吧！

阳光轻抚，
梦想萌芽

最美的姿势

十一月初，是最适宜看风景的时候。一棵棵树如慢慢脱落牙齿的老人，渐渐露出干瘦的枝干来。

中午回家的时候，我常在路边看到推三轮车卖菜的农妇。头上系着花花绿绿的头巾，穿着陈旧的棉衣，一张满是皱纹却带着笑容的脸，她们一声一声地吆喝着："大白菜，一块钱五斤。"那天，我买下了最后的一棵白菜，农妇满是感激地给白菜套上了两个结实的塑料袋，然后将袋口侧着搭接好递给我说："这样拿着不勒手。"我随口说了一句："你们天天这么忙活挺苦的。"她笑着反问我："天天吃大米白面这还算苦？"说完她用粗黑的大手拍拍鼓囊囊的小钱袋，冲我灿烂地笑。

那笑容里包含了无尽的幸福和满足，那是一个农妇对生活最真诚的接纳和感激。她以虔诚的姿态亲近着土地。此刻，她站立在三轮车旁，微笑着目送着路人。秋天里，那姿势该是一幅温馨而又丰富的画。

家附近的小面馆里总是很火爆。食客们多是周边工地干活的民工。穿着一身挂着白灰点子的工作服，脚上是一双绿胶鞋。他们旁若无人地说说笑笑，完全不注意路人投过来的眼光。一碗热面端上来了，几个同伴儿催促着说："快吃，热乎着吃暖和。"被催的那个人把筷子轻轻放在碗上，望着热气腾腾的锅灶说:"不急,一块儿吃热闹。"冒着热气的几碗饭相继端上来后,他们齐声说着"吃、吃",就都埋下头狼吞虎咽起来。欢笑声不时地从他们的小桌子那儿飘过来,小餐馆里充满了快乐。

一次,我路过餐馆,见外面也摆了一张简易的桌子。两个民工正吃着饭。其中一个民工正对着马路,他粗糙的大手握着一个白馒头,一口咬下去就是一大块。他的腮上立刻鼓起一个大包,三下两下地咀嚼后就咽下去了。然后灌下一口热汤,用力呼出一口热气,又大口大口地咬起馒头。其中一个民工咬着馒头出神,手里的馒头已剩下小半个,像起伏的丘陵。风吹着他凌乱的头发,却怎么也带不走他游走的思绪。

每一幢盖起的高楼都会伴随着一些民工的伤亡。有一个民工刚刚给家里的老婆打过电话,告诉她他马上就回去过年了,车票下午已经买好了。谁知就在放下电话没多久,他就从高空摔下来了。那个电话成了他遗留在人间的最后的声音。

当我们仰望一幢幢高楼时,是否会想起那些曾站在最高处流过汗的农民工?他们在城市最高处劳作,却在生活最底层生活。一顶顶简易窝棚是他们的房子,他们的双手盖起的都是别人的家。

住在有暖气、带电梯的楼房里,我们不该忘了那些卑微的生命。他们坐在面馆里欢声笑语的时候,是一天里难得的放松时间。那些姿势,都是生活里最真实的写意。

小区收垃圾的是一对父女。女儿在前面拉,父亲在后面推,这个姿势,他们保持了多年。每到一个垃圾桶前,女儿放下车子,站到一边,父亲则挥舞着铁锹开始铲。收拾完一个,二人又开始一前一后地走。他们很少说话,总是默默的。冬天里地上铺了厚厚的雪,父女俩仍旧这样走着,两人戴着棉手套,一红一黑。打扫完一个又一个垃圾箱,他们身后留下两条深深的车印。有时,他们会坐在那座白石头桥边晒太阳。桥静默着,女儿晃动着

阳光轻抚，梦想萌芽

两条细腿，父亲一声不吭。他们面无表情。他们的大脑都有些智障，女儿尤甚，每月只有可怜的一点儿收入。

冬去春来，父女俩早已习惯了。有时他们不掏垃圾，也是这样一前一后走路。女儿走在前面，父亲跟在后边，中间隔着不远，只是一个手推车的距离。

习惯是一种最好的姿势。如同雪地里那两条深深的车辙，匍匐在大地最深处，给平静的大地佩戴了生动的勋章。它更像身上的刺青一般，触碰起来会隐隐作痛。

不管生活给了你怎样的姿势，你都要挺起自己的脊梁。岁月飞霜，傲骨嶙峋。用自己最美的姿势行走，给世间一个深情的回眸。

寒冬里，最震撼的风景便是那脱尽了叶子的一棵棵树。繁华褪去，风骨依然。即使瘦骨嶙峋的枝干，也依然能在风中弹奏出铮铮的奏鸣……

麦子熟了

芒种到了，阳光微醺。风轻柔地吹，空气中弥漫着一种成熟又醉人的味道。

车子行进在乡间的小路上，田野里金黄的麦浪像涌动的希望，牵引着一颗心向远方驰骋。阳光下，麦子像待嫁的新娘，浑身散发出诱人的甜香。清风拂过，麦子欢悦地起舞，那是丰收的语言，是羞涩的宣言，是相互传递的喜讯。时不时有一两只花喜鹊从空中落下，自由自在地漫步，俨然前来巡查的首长"喳，喳，喳喳喳（嗯，不错，不错）"。丢下一串欢叫的音符后，它们便飞向高空，留下静寂的麦田守候着大地。

呵，到处是一首歌，一幅画，一段记忆。

房檐下，老农哼着"杏子黄，麦上场。枣花开，割小麦"的小调用力地磨着镰刀，他们似乎想起了明晃晃的镰刀挥舞起来时，那排山倒海般的气势，犹如千军万马在奔腾，嘴角禁不住浮现出一抹笑，皱纹便像溪水般蜿蜒纵深开去。

女人们出来进去，眉眼间像是藏着一件天大的喜事，欲说还休。她们卖弄出平生本事，调弄出几个像样的饭食，各家屋顶上的炊烟仿佛也憋足了劲儿比赛似的，看谁飘得远。

阳光轻抚，梦想萌芽

田野像静静待产的孕妇，而村庄则充满了产房外等候的焦急与繁忙。只有孩子们依旧无忧无虑地飞奔在小路上，将手中的五彩球抛得老远，惊起一阵阵鸟雀的啁啾婉转。

麦子熟了呵。像是一声令下，一时间大地换上了喧闹的金黄，像耀眼的锦缎，燃烧着，沸腾着。它们在等待，在孕育，在吟诵。金色的麦浪，轻轻摇荡，像梦一般的旖旎，像走失的一段情愫。蓝天下，无边的麦浪像一首诗，含蓄又磅礴，明媚璀璨。风吹过来，大块的云朵低低地挂在天边，像也在暗暗惊奇大地上的动静吧。这样的大手笔，怕是丹青妙手也自叹弗如吧？成熟是一首动人的歌，无须张扬，无须夸饰，自会散发出一股诱人的气息。一粒种子的成熟可能是微不足道的，然而一片庄稼的成熟升腾起的就是沃野的希望。

冬小麦，这三个字组合在一起，我对它有一种说不出的感情。从种子萌发到产生新种子，小麦一生要经历发芽、出苗、分蘖、越冬、返青、拔节、孕穗、抽穗、开花、灌浆、成熟等生长发育过程。秋季播种，生长到十厘米左右，会经历冬季，这期间不会生长。这过程，多像一个人的成长。当你还在为自己的停步不前而沮丧时，当你还在因努力没起色而消沉时，当你还在为处在生命的枯水期而失望时，别忘了小麦的冬季。它长得矮才可以抵御寒冷，保全自己。待到春天来临时，它才开始疯狂拔节。什么都需要一个过程，且耐心些，静静等候你生命春天的到来。

走过了生命的四季，便学会了沉淀。在暗夜里蛰伏，在风雨中挺立，在冰雪中坚守，没有了变幻的色彩，便没有生命的颜色。谁的成长不是这样的呢？从青涩到金黄，从默默到耀眼，谁不是这样一步一步走下来？谁不是这样吹尽黄沙始到金？眼前有多风光，背后就有多艰辛！

小麦是动人的，是大地的旗帜，是天空洒落的诗行，是农民的语言，是无言的圣歌。劳作了一辈子的农民接近它，也是用了最谦卑的姿势，除

了躬身，还有感恩。

眼前突然浮现出米勒的《拾穗者》，晚霞涂抹了天空，三个捡拾麦穗的妇人弯腰捡拾着地上零落的麦穗，也是在捡拾着生活的希望，她们脸上布满宗教般的宁静与安详。施与舍永远是公平的。用脚步去丈量的是生的距离，用心灵去攀登的是精神的教堂。

麦子熟了。白头翁散落在野地里吟唱着，那声音像是石块在摩擦，激荡又饱满。风轻轻吟诵。整个田野就像一部电影，为土地做注脚，为村庄做旁白。剧情起伏着的是小麦跌宕的一生。

远远地，传来镰刀起落的声音。那是即将开始的剧情。

呵，麦子熟了，夏至了。乳甜的麦香渐渐氤氲弥散开来，路边的牵牛花早已吹响了战斗的集结号……

阳光轻抚，
梦想萌芽

草莓荔枝

  血色夕阳沉沉地挂在树梢，天边涂抹上一层淡紫色的云。忙碌了一天的人们，从四面八方赶回来，纷纷涌向这个偌大的菜市场。

  我慢慢地走着，打量着货摊上一家又一家的水果：黑灿灿的桑葚、红彤彤的樱桃、黄澄澄的香瓜、带着鲜枝嫩叶的荔枝，各种新上市的水果粉墨登场，齐刷刷地摆在那儿招徕着来往的顾客。

  走着走着，突然我听到了一声瓮声瓮气的外地口音："这是草莓吗？"我寻声望去，就在我不远处有两个民工打扮的男人正站在荔枝筐前，其中一个人手里拿着荔枝在问。他们破旧的蓝色衣裤上沾满了白石灰点，好像人群里冒出来的两个不协调的音符，无声在诉说着他们的身份。

  我走过去，一个衣着入时的胖女人也先我走过去。还有一些人也跟着围过来了。

  "草莓？嗤。"卖荔枝的女人一把夺回荔枝放回筐里，从鼻子里哼了一声，她从鼻尖上看着两个民工，仿佛男人不知道姚明、女人不知道刘德华似的，指着一筐刚刚浸过水的荔枝说："这是荔枝，草莓不带皮。"说完又不无揶揄地说："挣钱了也尝尝，别总亏着自己，活着不容易。"她把经常说的"免费品尝"那句话咽下了。

民工没有走,犹豫着。恰在这时,胖女人自己动手拽下一个大塑料袋,另一只大胖手开始在筐里扒拉起来,专挑个大皮红的荔枝装。摊主堆着满脸的笑飞快地帮忙装。

另一个民工开始催促了:"咱们走吧,蛮贵的。"摊主不是省油的灯,急忙接过话头儿说:"还嫌贵呢,前两天比这还贵,要吃就吃新鲜。"紧接着鼻子又是一声哼。

胖女人从秤上拿下荔枝,跟摊主讨价还价,趁摊主不注意,迅速地从筐里抓了两个荔枝装进袋里,然后大摇大摆地走了,那神态好像是将要奔赴水坑的母鸭,雄赳赳气昂昂。

"一年就这么一季,少买也得尝尝。"摊主见民工仍迟迟不走,放温和了语气。

"那,就给我来四个吧。"民工终于下了决心。

摊主显得很为难的样子说:"四个叫我怎么给你称啊?你真会过呀。"摊主极不情愿地把四个荔枝称了称递给了民工。

民工解开上衣的小黑扣子,小心翼翼地摸出一张皱巴巴的二十元钱给了摊主。我也捡了些荔枝。又有几个人过来买荔枝了,摊主有些顾不上了。

来往的车辆喇叭声不绝于耳,宽大的市场此时显得有些拥挤。

摊主找了一把零钱给民工,民工拿着钱走了。我付完钱也要走,那瓮声瓮气的嗓音再一次在耳边炸响。那个民工手里攥着钱又回来了。

"老板,你找错钱了吧?"

摊主看见又是民工,爱答不理地说:"怎么,少找给你钱了?"她冷笑了一声。

我也好奇地立住了脚。

路过的人都好奇地停下来。

市场好像一下子静下来。

阳光轻抚，
梦想萌芽

民工挤过人群递过一张五元的钞票，"这是五元的。"他的方音很重，听起来像是拿钝刀在切萝卜。他表情很认真。"哦？"摊主不解地望着他。"你一定是把这五元当五毛了。"民工憨憨地笑了，干瘦的脸上立刻划出了一道道皱纹。摊主有些不好意思地接过钱，如释重负般地松了口气，"这大兄弟，真实在。给，拿着。姐送你的。"她真诚地捧着满满一大捧荔枝硬要塞给民工，民工吓得连连后退："别，别价，我给孩子买几个尝尝就行了，挺贵的东西。"说完他挥挥大手走了。我留意到那双手，那是一双长期劳作的手，酱黑色，关节粗大，筋脉突出。这是忙碌在我们身边的这些人共有的特征。

我目送着他远去，耳边似乎仍回荡着他那句浓浓的外地音："这是草莓吗？"

呵，草莓荔枝。

天边的晚霞褪去了最后一抹余晖，夜色拉开了序幕。晚风轻拂。一轮明月升上了天空，亮亮的，晃晃的，印在人们的心里。

我边走边望望那月儿，它始终在前面对我微笑着。

第二辑
淡淡乡野风

只想听听你的声音

刘半农有一首小诗，令我常常情不自禁地想起："天上飘着些微云，地上吹着些微风。啊！微风吹动了我的头发，教我如何不想她？"是啊，教我如何不想她呢？

"吃饭了没有？那你一个人吃的什么？""有粥有土豆。""一定要热热再吃。""嗯，好的。"窗外的阳光大把大把地散射进来，屋子里充满了醉人的春意。我像个得到宠爱的小孩子，心里有说不出的暖。呵，今日风和日丽，真想带你去南湖游玩。

可是风还有些寒冷，化雪的天仍是冷的，你的腿最怕凉。书橱里照片上的你正笑意盈盈地望着我，那一年的那一天，空气中裹着热浪，可你答应过和我去公园逛逛的，那天是我的生日。

这是你第一次来到惠丰湖，少有人看的耍猴的把戏你也看得津津有味，时不时地拍巴掌笑，却不忘把遮阳伞下阴凉地方的长椅让给我，而你挪到阳光暴晒的地方。刺眼的阳光下，你黑瘦的脸让我忍不住眼眶湿了又湿。

那一路，你走得慢，我有些不耐烦，大步走到前面又不得不折回去寻你。而你满脸都是灿烂的笑，指给我看这里的铜雕，那里的荷塘。我抓拍下你在鱼塘前戏水的模样，带着可爱又有点羞涩的笑。

阳光轻抚，
梦想萌芽

中午我带你下馆子。看着满桌子的菜你只是催促我快吃，你一向都吃得很少。你担心吃不了。你俭省惯了，舍不得一点点浪费。你要了一碗白开水，慢慢喝，等我吃。你又提起我的生日，问我早晨吃煮鸡蛋没有，问我鸡蛋在床上滚了没有。吃过饭，你扶着楼梯小心地下楼，我注意到你脚上穿着几年前我送你的那双黑皮凉鞋。心猛地像被什么刺了一般，生生地疼。似有千言万语哽在喉咙里，我一时说不出话来。

我下午带你去南湖转转。你什么也不玩，一天下来，只是走路，这里看看，那里瞧瞧，你说出来看看就挺好，坐船白花钱。送你回家后，你却不喊累，非要给我包饺子吃，我说不用，早点儿歇着吧。后来听姐姐说，那次你的腿疼得厉害，怕我不高兴就出来了。呵，不知从什么时候起，你竟学会了对儿女小心翼翼。

每次你打来电话也总是先试探性地问："待着呢？没上课吧？"仿佛生怕打扰了我什么似的。我有什么事那么重要呢？去年给你买了手机、卡，并用我的手机办了亲情号，我告诉你每月我俩之间有一千分钟免费电话呢。手机费什么时候打、愿意给谁打都行，只当解闷。可你总怕超时，不相信有这么长时间免费电话，叮嘱我别上当受骗。直到我多次告诉你还剩多少分钟后你才半信半疑，嘴里嘟囔着"哪有这么好的事"。

现在，你终于相信了这一事实，只要我在家的日子里，你便天天打来电话。你对我说着你的喜怒哀乐，说着你的家里家外。

"我从老家买的鸡蛋，自家养的鸡下的蛋，蛋黄很黄很有营养，给你留了。"

"家里的大白菜足心甜，多吃点儿好。"

"今天我蒸了黏饽饽，筋道着呢，你二姨说忒好吃。有空来取吧。"

我的眼前浮现出你忙碌的身影——热气腾腾的厨房里，瘦瘦的你弯着腰捣豆馅，烫面子，包黏饽饽，一个个光滑细腻、精致匀称的黏饽饽活像

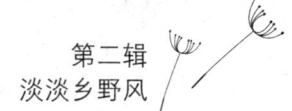

第二辑
淡淡乡野风

是手艺人捏出来的艺术品,你拖着病腿吃力地把它们端到灶上。不知不觉,我的眼前一片朦胧。

品尝着黏饽饽,我拨通了你的电话:"跟粽子似的,真好吃啊。"电话那头儿的你乐得合不拢嘴地说:"爱吃了还蒸。"……亲情连线,是永不消逝的幸福密码。

窗外,春风浩荡,成群的白鸽在半空中自如地打着呼哨。

"明天我回去,想吃什么点心?蛋糕?小麻花?蛋卷?""别太油,饼干就行。""我给你买了纯花生油,别去集上买了。""明天给你包白菜大蒸饺。水灵着呢。""我又梦到你们小时候啦,围着我,叽叽喳喳小鸟似的。"

有谁知道世间最美的声音是什么?那便是母亲的呼唤。

无论经历了多大的风雨,无论身在何方,只要听到你的声音,我就平添了无穷的力量,心里就有了一方晴空。

窗外有些积雪,地上还有些寒气。只要一想到你,我那亲爱的老母亲,我就忘了这一切!

"枯树在冷风里摇,野火在暮色中烧。啊!西天还有些儿残霞,教我如何不想她?"呵,教我如何不想她?

是的,我只想听听你的声音,妈妈!

阳光轻抚，
梦想萌芽

萝 卜 心

早春的季节，空气里仍流动着一股寒气。泥土还没有翻浆，麦苗在清风里瑟缩着。

院子里靠墙码着二十多捆束得整整齐齐的玉米秸秆，是父亲到田里拾来的，它们像一排退伍的老兵，在阳光下出神地站着，默默品尝着岁月的甘苦。家里的煤气罐轻易不用，别人丢弃不要的柴火，父亲常去捡，有时是一捆稻草，有时是一抱麦秸子。每次他都像个拾到宝贝的孩子，嘴角露出满足的微笑，故意弄出声响来，要等母亲打开大门他才雄赳赳气昂昂地迈进去，将玉米秸秆齐刷刷摆在窗前，一把摘下帽子，笑眯眯地打量着它们，像是在问候一群老朋友。

家里做饭的时候，都是父亲烧火。他的大手钳子似的掰断几根枯树枝扔进灶里，歪着身子探头朝灶膛里看，火苗"曜曜"地舔着锅底，发出"噼噼啪啪"燃烧松枝的声音，一股好闻的松脂清香味就弥散出来，老家屋顶上的烟囱随即也冒出一缕缕淡淡的青烟。小时候，我总是仰望着炊烟的方向，来辨别方向。炊烟就像村口老人们剪不断的目光，藏着许多乡村的心事。

暮色炊烟消失在辽远的天空里，叽叽喳喳回巢的鸟雀儿，偶尔会望一眼坐在灶膛前烤得脸膛通红的父亲，它们不怕这个老头儿，栖息在杨树枝上，它们对着老人撒欢。玫瑰色的晚霞像绚烂的织锦，墙角的瘦竹婆娑成一幅疏影横斜的中国画。

每年过年的时候，父亲都坚持在大锅里给我们炖肉。从早到晚，大锅里的肉"咕嘟咕嘟"地冒着泡，父亲安静地守着灶口，不断地加火。香味四溢，诱惑得过路人不住耸动鼻翼：啊，真香啊。父亲忙着把炖得酥软的三大块肉带给我们，他不忘叮嘱我们："大锅炖的肉香，耐得住火候。"听母亲说，那一晚炕被都被烤煳了，烫得父亲一宿未眠。望着父亲苍老的脸，我的心仿佛戳了针，生生地疼。

这次回来，趁我们还在吃饭的当儿，父亲又到院子里给我们挖萝卜。等我出来的时候，一大堆湿土已经堆在一边。"我来吧，爸。""你挖不动，土还冻着呢。"父亲用力深挖了几锹，蹲下身，拿起一个小铲子小心地挖着萝卜周围的土。我随口说："昨天我买了一个大萝卜，两元一斤，花了五块七呢。"父亲喘着粗气说："城里啥东西都贵，咱们这里一块钱一斤。你们别总给我买东西了，城里花销大。"父亲十分小心地抠出了一个萝卜，完好无损，似乎还悠悠地吐着白气呢。父亲轻轻摩挲掉上面的泥土，递给我："老闺女，它可甜着呢，饱吃萝卜饿吃葱。多带着点儿，分给你们办公室的尝尝。"父亲一手撑在地上，一手从土里拽着萝卜。他习惯性地咬着下嘴唇，笨重的身子显得有些吃力。

看着父亲的样子，不知怎么的，心里漫过了一片酸涩的海。父亲以最虔诚的姿态亲近着土地，像一尊雕塑，在阳光下刺痛了我的神经。那双枯皱的手上沾满了泥土。当年那个英俊挺拔的坦克兵什么时候变成这个头发灰白的老人了呢？还有多久，他也会跟萝卜似的住进泥土里？

十多个大萝卜扑扑地躺到了地上，就像一颗颗幸福的子弹击中了我。帮父亲撑着袋子，我低着头，拼命咽下了汹涌上来的泪水。

回到城里，我洗了一个萝卜切开。青色的萝卜心像水里浸润着的碧玉，

阳光轻抚，
梦想萌芽

翠生生的。咬一块在嘴里，由开始的水津津继而漫上来丝丝的甜味，越来越浓，逐渐席卷了整个味蕾。眼前立刻浮现出老父亲站在家门口目送着我们远去的身影，寒风里那个小黑点最终凝成了手心里这颗沉甸甸的萝卜。我一点一点儿地咀嚼着它，连皮也一块儿塞进了嘴里。不知不觉，两行热泪肆意奔流。

"多吃萝卜气顺心安哪。"父亲的话再一次回响在耳边。父亲栽种的那些普普通通的萝卜，样子不怎么顺溜，看起来粗朴蠢笨，吃起来却出奇得好。"味道好极了。"同事们交口称赞。

做人就要像萝卜那样，朴实的外表下包藏着一颗玲珑剔透的萝卜心。父亲常常这样告诫我们。抚摸着滚圆的萝卜，我小心翼翼地切下萝卜底部，找来一个小碟，将它放进去，洒了些水。

我知道，不久后，碟子里就会开出淡淡的浅黄色的萝卜花来。虽不怎么耀眼，但是它一定会葱茏我的心田。

第二辑
淡淡乡野风

秋

说不清为什么,喜欢"秋"这个名字。

村子里的确有个叫小秋的女孩,皮肤白皙,苗条秀美,笑起来的样子很像茜茜公主。也缘于她的美,缘于她的成熟,上中学的时候她就和一个长相英俊的男同学好上了,不到十八岁她就早早地和他结婚生子。可谁知在她三十多岁的时候,男人却丢下她和孩子和别人跑了,后来听说她离了婚,远嫁到另一个地方。她的母亲每次说起她的时候都止不住地叹息,叹小秋的命苦,说她现在的日子过得也并不如意。

在我印象里,小秋是美的,迷人的,像秋日里的一株红高粱,浑身散发着一种妩媚的气息。尤其是她的眼睛,能够传达出一种脉脉的情意,深深地把你沉醉进去。

说不清和小秋有没有关系,秋天在我的心里也是弥散着一种风情的,总是飘散着成熟、令人回味的韵味。

秋多像一位十八九岁的乡村姑娘呵,合体的素朴衣服裹不住那丰腴的青春的气息,婀娜多姿的曲线玲珑毕现,举手投足之间还带着几分娇羞,让人忍不住总想多看几眼。

秋天,去看吧,在乡下、小院里、房顶上、树枝间、田野里,到处,

阳光轻抚，
梦想萌芽

密密麻麻，成堆成山，一种丰收的语言，一种成熟的味道。一边丰收着，一边播种着，人生不就是这样从早忙到晚吗？

触目的丰盈,而我单单喜欢静观屋顶上袅娜的炊烟。淡淡的,不疾不徐,若有若无,在蓝天白云下悠游自在。轻烟如歌,时光若水,一切的一切都在光阴里化作尘埃。铭记一缕烟的姿态,能屈能伸,无论何时都不拖泥带水,便会于尘俗中始终保持一颗自由的心。

秋是安静的。这也许是它的最美之处吧。那样的绚烂,那样的充盈,却毫不喧哗。谁能想到,在一大片锦绣之中,它那般低调入场,安然静处一隅,静美得如一幅油画,浓墨重彩中它宛如一束纯净的麦穗,饱满中写意着谦和。

即使是夜晚虫子的低吟浅唱也是不引人注目的,像天空落下的几点雨,散落在草丛里,隐隐约约,分辨不清。"七月在野,八月在宇,九月在户。十月蟋蟀入我床下。"捧着《诗经》在寒露时节读,映着窗前泼洒的水银似的月光,有几分清幽,有几分梦幻。秋月也是那般如诗如梦,宛如美人的脸庞,光滑细腻,明媚生辉。秋天多么像一块温婉可人的美玉呵。静静地沉淀到每一户,印在每一个人的心上。

我不知道古人为何多悲秋,清秋不耐寒,说"秋"是"离人心上愁"。其实是人的心凉薄罢了。从中秋开始,秋的味道愈发浓厚。我只想着去看秋,担心着一场秋雨会消退了秋,希望着它去得再慢些,看碧云天,黄花地,西风紧,北雁南飞;看蒹葭苍苍,白露为霜;看秋色连波,波上寒烟翠;看落霞与孤鹜齐飞,秋水共长天一色。秋水,秋月,秋雨,秋荷,都是美的意象,并且都应该是可以入画的。

立秋、处暑、白露、秋分、寒露、霜降。明天即是寒露了。墙上挂着十多个沉甸甸的瓜。母亲说南瓜经过霜降会更甜。她今天种下了三垄蒜,到来年麦秋的时候就可以吃上新蒜了,而明年春天才种下的蒜长成的就是

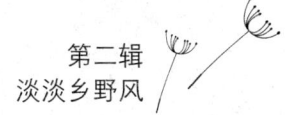

独头蒜。对于与庄稼打了一辈子交道的母亲来说,每一个节气都有不同寻常的意义,她对它们的熟稔如同对自己儿女秉性的熟知。

"草野在蟋蟀声中更寥廓了。溪水因枯涸见石更清冽了。牛背上的笛声何处去了,那满流着夏夜的香与热的笛孔?秋天梦寐在牧羊女的眼里。"

小乡村里,住着静美的秋,还有那个名叫小秋的女孩儿。

阳光轻抚，
梦想萌芽

哦，父亲

那天大清早，父亲打来电话。这在以往是很少见的。

我的心"咯噔"了一下。

屏息静听。父亲说："村子南头那一大片梨树开花儿了，有空回来看看吧。前两天还是淡紫色的花苞呢。""哦，父亲。"我悬着的心终于放下来。父亲的语气里流露出掩饰不住的兴奋与期待。我答应着："好，这周末回去看看。"父亲有些失落，小声咕哝道："不知到那时谢没谢，花谢了就不好看了。"我有些好笑，心想父亲真是老糊涂了，我上着班，怎么能跑去看梨花呢？

忙着工作，忙于各种琐碎，我每天都累得找不到自己。时间却像碾碎的纸屑，转眼之间便都消失在指缝间。周末，我带好买给父母的东西回老家。云淡淡的，风在林梢间穿行，各种鸟张开翅膀忽上忽下自由地飞翔。

这天父亲知道我要来，没有出去。他正在后院松土。我喊了声："爸，我回来了。"可父亲没反应，仍躬身挥动着锄头。父亲稀疏的头顶晒在日光下，白花花的，让人心酸。我又大喊了一声："爸，我回来了。"父亲看见我，立刻露出了笑容，他停下锄头，对我大声说："老爸这下有活儿干了，种上这一大片菜，管你们都吃上不打药的新鲜菜。"父亲一一指给我看他精心侍弄的这片菜园,有鲜绿的水萝卜,有展着宽大叶子的莴苣,有嫩得刚破土的玉米苗,长长的水管里流出来的汩汩的水,缓缓地浸润到松软的泥土里,也流淌进我内心深处。父亲在这个院子里生活七十多年了,每一块砖,每一棵竹,每一朵花,都像他熟稔的掌纹,沾着他的气息。

院子里的那棵大白杨已经长得高过了屋顶,父亲站在树下显得很苍老矮小。过去的时光哪儿去了?那时父亲蹲在这棵大杨树下教我写自己的名字,我写不好,怪他给我起了这么一个笔画复杂的名字。父亲呵呵地笑,大手掌轻轻抚过我头顶,然后手把手握住我的手教我起笔,顿笔,给我讲这个名字的由来。父亲的大字写得漂亮有力,我的字歪歪扭扭跟在大字后边,像一串串小蝌蚪,活泼有趣。母亲喊我们去吃饭,父亲一手牵着我的小手,来到水井边,亲自给我搓去小手上的泥巴。手心痒痒的,我呵呵笑着望着父亲,哦,那时的他真英武,跟照片上那个坦克兵很像。

母亲告诉我,照片上那个坦克兵就是父亲,年轻时的父亲很好看,有一头浓密的黑发。父亲常常在清晨扬起硬硬的胡子茬亲我,迷迷糊糊中我能听到父亲欢乐的笑声。每逢吃饭,父亲脱下外套,喊一句:大干啦。我也学着他的样子甩下小棉袄,喊一句:大干啦!屋里人被逗得哈哈大笑。

哦,父亲,他那般疼爱我。他怎么一下子就老了呢?

眼前的父亲耳朵不好用了,常常痴痴地望着说笑的我们不知所措。他举起干枯的大手让我看贴着风湿膏的地方,他说关节疼了,说话的神情像个无助的孩子。那一刻,我的心疼得像被针狠狠地戳了一样,我揉搓着他疼痛的关节,像小时候他呵护我那样。我忍不住喊了一声:"爸。"他听到了,抬起头望着我,连声答应了两下,又黯然神伤,叹息一声,问我:"三儿,老爸真老了?"我低下头说:"没,没有。"一滴泪"啪"地摔碎在我的掌心。

哦,父亲,剩下的岁月,让我来牵着你走吧。

父亲和我去看那片梨园。静静的梨园,只有鸟在看不到的地方欢声吟

阳光轻抚，
梦想萌芽

唱。梨花园一片雪白，像肃穆的圣地。蜜蜂"嗡嗡"着忙得不可开交。父亲带我去找他所认识的品种不同的梨树。见我一脸的惊喜，父亲也像完成了一桩心愿似的满足。他站在一棵茂盛的梨树下，看着我拍各种姿态不同的梨花。我说："爸，我给你照张相吧。"父亲顺从地站好，挺了挺身，满脸慈爱地望着我。镜头里的父亲明显地老了。

蓝色的天空里白云淡淡的，一尘不染。白色的梨园里，微风吹落片片花瓣，像蝴蝶落在柔软的草地上。我和父亲就那样慢慢地走，慢慢地看。"年年岁岁花相似，岁岁年年人不同。"白头翁的啁啾在耳边响起，它也在呢喃着什么吗？

回来，给父亲看拍的照片。父亲戴上老花镜，满脸喜悦，他看得很认真，很仔细。父亲拿来我给他买的手机让我教他。他学得十分认真，边学边信心满满地说："我一定能学会，能学会。"他粗糙的大手在小小的键盘上总是不听使唤，要按这个，却按了那个。母亲在旁边笑，说你爸平时总藏起来，只是在给你打电话时才肯用一用。手机里只有我刚买来时给他存的我的手机号码。父亲确实不大会用手机，给我打电话时有时竟忘了挂机，我不舍得挂，常听到他跟母亲说的话。他说忘了告诉三儿明天有中雨，别忘了带雨伞。母亲说你老糊涂了，明天周末三儿不上班；听到他说忘了告诉三儿早晨拿着她给我的掌中宝听着歌儿走路能走好远呢；听到他说忘了告诉三儿她若想吃老俞的卤水豆腐提前告诉我，我给她买去……哦，我的老父亲，怎么越来越絮叨了？

父亲怕自己忘了，提前把他采来的一大包蒲公英、一大包曲曲菜从冰箱里拿出来，还有一包香椿芽、一包生菜、十个鸡蛋。母亲说父亲跑遍了田野去挑野菜，今年干旱，不好找，父亲累得腰疼，躺了好几天。哦，我的老父亲，我曾叮嘱过他不要总这样低头去采菜了，那样不好。可他竟又忘记了！一包一包的菜摆在面前，就像一个个戎装待发的士兵，父亲的目

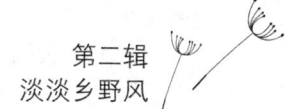

第二辑
淡淡乡野风

光一一抚摸过它们,像履行了一个老兵的职责,交代好了他要说的话。

临出门,父亲抽出那支长箫,吹起来。院子里那四只鸡竖起耳朵像在听。悠长的箫声里,父亲在说些什么呢?

回来后不久,我收到父亲的短信,却一个字都没有。禁不住,呆呆的,泪流满面。我知道是父亲又想我了。又一个春天来了又去了。我对时间轻声说,走得慢些吧,再慢些。梨花开了又谢了。

耳边重回响起父亲那悠长而寂寥的箫声,像呼唤,像倾诉。我低低道:哦,父亲!窗前那棵木槿花依然在夏日里开得灿烂辉煌,父亲说它的花期很长的。

阳光轻抚，
梦想萌芽

冬日的老街

　　冬日的老街清冷而寂寥，几棵枯木象征性地点缀在它周围，不时地有三两只鸟飞来对它做一次探询，洒下一串串啁啾宛若音符滑落。老街越来越像一幅简约至极的写意画，只静静地在白日里守望着。

　　炊烟袅袅，淡白，像飘远了的青春。老街并不理会它的方向，任由它向东或向西。风轻悄悄的，偶尔会惊扰矮房上晒太阳的花猫，将那厚实的毛发撩起，如蓬松的棉花团。

　　老街其实不宽阔，家家门口的一块块大石限制了它的腰身，它们像牢牢地束在腰间的一颗颗玉石，幽幽地闪着白亮的光。寂寞了一季的石像流露出寂寞的眼神，在日起日落中慢慢回味曾遗失的欢笑。谁家的大黄狗蹿出来，若无其事地摇摆在大街上，闲不住地对着几只鸡叫两声。老街像闭了眼打盹的老人，浑然忘记了早晚。

　　静默的老街是有故事的，有了故事就有了历史，变得生动、耐人寻味起来。村庄的名字印刻在老街的心里，像大街上被喊烂的一个个粗朴的小名，越土得掉渣，喊起来才越感觉亲切痛快，像刚摘下来用袖子擦一擦就嚼进嘴里的脆黄瓜，满嘴的清香，满嘴的韵味。

　　老街上没有了脚印，像丢掉了历史的生活。轻松了，也茫然了。老人

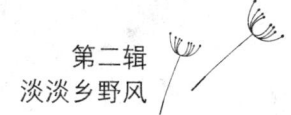

第二辑
淡淡乡野风

们常说，寻着脚印走就不会迷路。老街焕然一新了，喜气洋洋的像着了西装的乡下人，总是有一种说不出的不自然。脚上没有了泥巴，心上就长了草。厂里排出的浓烟弥散在村庄上空，老人的忧伤也像烟一样飘散。

悲也好，喜也罢，日子还要这般不温不火地过下去。老街上人的脾性也似沾染了老街的气味一般，走起路来不急不慌，带着一种惯常的田间踱步的随意，松口布鞋底落在老街上，声音也拖得老远，像老收音机飘出的大鼓书，即兴随意，散散漫漫的，不经意间哼出那么几句，仿佛家常言语拖了腔带了调，分不清哪是生活，哪是戏里。

白日里的寂寞，到了黄昏就烟消云散了。这时候的老街充满了烟火气。各种吆喝声此起彼伏，不绝于耳，"磨剪子嘞抢菜刀""豆腐""糖葫芦"，活像拉开了一出多幕剧，各色人物纷纷登场，热闹鲜活。他们用心演绎着，或卑微，或琐碎，但都是生活。繁华与凄凉注定会落幕，不同的是，封存的精神的记忆底片会流传下来，一代代拷贝，温暖人间。

睁开眼是生活，闭上眼便是历史。老街上走着一个七八岁的孩子，迎着晨曦，在雾气里若隐若现。走着走着，他手里的玩具变作了荷在肩头的锄头，青年人的拳头里攥着使不完的劲。渐渐地，在夕阳中蹒跚伶仃的一个身影，他的影子缩成儿时一般大小。一个人的轮回在老街上完成，他们的梦想始终以老街为半径，走来走去，永远也走不出它的方圆。

老街是有灵魂的，它的气息飘荡在村庄的上空。熟悉的豆花香，满街的烤红薯的甜，还有爆米花的味道，都在远行人的枕边飘落，如村头的合欢花一瓣儿一瓣儿陨落，一季一季凋零，如诗，如泪，如村头的荒冢，如枯草和着西风的低吟。记忆总是像剥落的花生，尘埃荡尽，可是心还依旧饱满着。

有谁听得到老街的呼唤？那是喜鹊焦急的聒噪，那是枯木寒风中的铮铮，那是河水冰封的眼泪。是泥土的声音，是花开的声音，是春天里的歌声，

阳光轻抚，
梦想萌芽

令人如醉如痴。

冬日的老街是上了古稀的一位老人。村庄是他的家园，河流、冬野、树木是他陪伴一辈子的老伙计，谁也离不开谁了。除了守望，他再没力气做别的功课了。掰着指头计算，一日日，一月月，一年年，像冬麦渴望着白雪，像柳枝等待着春风，像空巢迎候着归燕。村头的每一声汽笛都牵动着老街敏感的神经，倚门而望是老街习惯的姿势。

冬日的老街守在村庄的尽头，像守在岁月的尽头。他在静默，在谛听，在期盼。也许都是，也许都不是。孤独是他的朋友，长夜是他的影子。他们朝夕相伴，深情地抚慰着彼此。

昏黄的灯映出老街瘦长的模样，原来的街边堆满柴火，像厚厚的日记本，记录下小村的冬藏秋实，苦辣酸甜。柴火填进灶膛，老街的青春在激情燃烧。可如今，空荡荡的老街留不住一丝温暖，年轻人住进了城里，老街真的太老了。

老了的长街有一声长长的叹息，伴着日暮时薄薄的一场雪。

有人看见，冬日的老街上留下两道长长的湿痕，像擦不干的泪痕。清冷的风从它身上掠过，时断时续，像低低的哭泣。

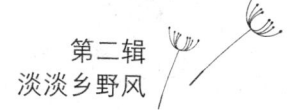

第二辑
淡淡乡野风

瓜　蔓

黄瓜爬上架的时候,院子里的青绿已经有眉有眼地铺张开来,活像是赶场的戏子们,宽大的水袖亦生风。

母亲时常瞄着那几架瓜秧,像看护着随时准备待产的孕妇。母亲说,不得不盯紧点儿,刚下来的四个半尺长的黄瓜,全被老鼠偷走了。

这老鼠贼得很,买来的鼠粘、鼠药它连碰都不碰一下,只管趁人不注意,偷惹人怜的黄瓜。

细密而耀眼的阳光无遮拦地洒落下来,不时有小飞虫翩然地来去。母亲蹲下身,小心翼翼地将一只只纤弱的瓜蔓扶上枝,又拿一小节细绳将它缠在枝上。母亲黑瘦的脸埋得很深,头上的几根白发耀武扬威地在风中舞动,这样的情景,我似乎早已熟悉了。

我们回来,母亲深深地遗憾,要不你们就可以吃到新鲜的黄瓜了。"唉!黄瓜秧娇嫩,闻不得气味,有一点儿味它就蔫。养大了不容易啊。"母亲淡淡地说,深深地望着伏在竹竿上的娇嫩的瓜蔓。

我怔怔地望着那俏皮地打着卷的瓜蔓——在母亲苍老的手中温顺地舒展开,像听话的孩子。想起小时候母亲给我们梳头,在我们的大呼小叫中,母亲总能理出两只漂亮的小辫子,跑起来一颤一颤的,像开在头上的两朵

阳光轻抚，
梦想萌芽

小花。

"多余的蔓应掐去，否则它会影响主根的生长。有时候做人也要这样，该舍弃的就该舍弃，犹犹豫豫会以小失大。"母亲轻声说。可我知道母亲是有用意的。

彼时，我正缠绕在一桩爱恨情仇事件中，无法拔身。若即若离的爱情让我心力交瘁。母亲手指着一根长长的茎须说："你看，这根漂亮的藤蔓，它只会耗尽所有的养分，却不会带来任何瓜果。"母亲说着用力地掐去了长须子。"可是，有的时候是看不出哪根有用、哪根没用的啊。"我问。"用心观察，时间长了，你就会发现的。有用的根须长得慢，它也不抢养分，只是依它的所需一点儿一点儿地汲取营养，它的生长并不会对主根有损坏，相反会有益地促进主根的茁壮。"母亲意味深长地望了我一眼，随后低头用心地呵护一只藤蔓上了架。

我站在那里，看着母亲不停地找来找去，一会儿看看这棵，一会儿瞅瞅那棵，似乎她手下经营的这些就是她的全部生活。

母亲的面容在阳光下显得很苍老，却很平静。沧桑布满额头，眼神却纯净得像个孩子。

一根根藤蔓像是举起的一个个小拳头，在微风中轻摇。肥硕的叶片在阳光下闪着芒刺，像处子皮肤上细微的汗毛。

母亲站起身，伸了伸腰，又蹲下身去慢慢地说："人也跟植物一样，生活就是要一步一步攀爬，停止攀爬就停止生长，人生永远不会结出果来。这过程中的所有都是快乐，以逸待劳的人生是无滋无味的。"

"活这一辈子不是为了名和利，而是为了自己的希望。"

"人活着有所约束才会有规矩。"

"收成就在一点一滴的辛苦中。"

母亲的话像种子一样播撒在我的心田上。再细看那些小小的藤蔓，竟

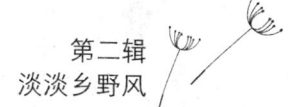

好像无数面迎风招展的旗子,在风中呐喊。

母亲不顾年迈体弱,今春特意开辟了一块空地,多栽了几畦黄瓜秧。每天她帮它们培土、插竿、掐秧、绑蔓,忙得不亦乐乎,但也心满意足。母亲的菜比别人都种得好,别人只要有需求,她也常常把自己的秧苗主动给别人栽上,但都不如母亲种得好。

这里面有什么秘诀吗?我问母亲。

母亲呵呵笑着说:"种菜也是在种人生。但主要就一点,你用心它才会用心。哪有什么学问啊!"母亲自豪的神情洋溢在脸上,七十多岁的老母亲真像得了宝贝似的满足。

我终于明白了,忍不住俯下身子轻轻抚摸了一下那株藤蔓。小小的模样,缠绕着,却没有一丝颓唐。

呵呵,阳光下它笑得也这般灿烂。

阳光轻抚，
梦想萌芽

蛙 声

不时地有蛙声传过来，响亮而执着，丰富又熟悉。喧嚣的尘世一下子退后，我仿佛又回到了那个偏僻而宁静的小村庄，聆听着夜的吟唱。

我家的门口正对着一条小河。河水汤汤，无论春夏秋冬，它都给我们带来无尽的乐趣，而那阵阵的蛙声则是常常陪伴我们入睡的乡村摇篮曲。

那时奶奶还在。她踮着小脚沿着河堤呼唤未归的花猫，河水映着她低矮瘦弱的身影，一晃一晃的，像小河里的一个音符，漂拂在水草间。

奶奶常挂在嘴边的一句话就是"没有过不去的坎"。所以，巨大的灾难和贫穷并没有压垮她瘦弱的肩头，她依然高绾了发髻，利利索索地走出去，到河边采来一把把苇叶，将生活的困苦捆绑成一个个香甜可口的粽子，喂饱了我们的肚子，也改变了乡村生活的单调。

轻轻的风吹来，又吹过，奶奶和爷爷走了。

日子淡淡地过着，没有惊涛骇浪，没有姹紫嫣红，有的只是如河水般默默的日子，日复一日简单重复的蛙鸣。

有一天，我无意中看到一个句子：你变了，世界就变了。其实，是心态在左右着方向。原来生活还在继续，每一个日子都是新的，因为你的心里装下了蓝天。

小河里的水流向田野，一块块麦田，一片片梨园，生的希望流淌，逝去的光阴不老。日日的劳动，在老农手里结出的却是甜蜜的果。

村庄日益变化着，小河却渐渐瘦缩成一个大大的惊叹号，朝着它曾流走的方向。父亲和母亲已经成了村里新的老人，过年的时候，慈祥地接受着村里人一波一波的祝福。

我们都离开了小村，又都在回忆里走回小村。

蛙声是打通记忆的通道，就像是一首老歌，循着它，从青年到童年，从城里到乡村，找到的都是相似的节点，在那一刻重逢。

那一声声石破天惊的鸣唱，不顾周边的一切，兀自裙舞飞扬。也许天晴了，也许月缺了，也许雨落了，也许灯亮了。棋子闲敲时，故事零落。"稻花香里说丰年，听取蛙声一片。""黄梅时节家家雨，青草池塘处处蛙。"蛙声是一个季节的符号，是欢愉，也是寂寞。

细密的雨丝滴落在窗前的飞檐上，轻灵，紧凑。那蛙声远远地唱和着，起起落落，如一锅沸水里滚着的几片生姜，亦如小提琴曲中响起的鼓声，果真是"大弦嘈嘈如急雨，小弦切切如私语。嘈嘈切切错杂弹，大珠小珠落玉盘"。偶尔夜色中的一两声汽笛，也像是极不和谐的几个噪音，很快便淹没在这浑然天成的交响乐的海洋里了。

城市里有了蛙鸣，就像是从钢筋水泥墙缝中钻出来的一抹蓬勃绿意，葱茏的生机带来了呼吸，带来了缝隙里的一线蓝天。那久违的声音，久违的期待，勾起了浓浓的乡思。

那声音是欢乐的歌唱，是生命的呐喊，是激情的宣泄，是飞扬迸溅的火花，是勇气，是力量，是不为世俗所左右的一种姿态，它兀自在尘世里独奏！

我越来越沉醉在它的那种张扬奔放里。

是的，这世上没有人为懦弱埋单。你退缩一步，便再赶不上前行的航船。

阳光轻抚，梦想萌芽

相信自己，为生命击节鼓掌。

此时，我的耳朵里充盈着一片蛙鸣：杂乱的，高亢的，孤傲的，空前绝后的！它们在沉寂了一个冬天之后，终于迎来了属于自己的季节。

小桥因为有了它们而变得生动起来。在此，恋人们呢喃私语，鸟雀们啁啾婉转，老人们缓步踏着夕阳轻谈。桥在水里妩媚，水在歌声里奔流。

没有什么能阻挡一副歌唱的喉咙，也没有什么能消退一个季节蛰伏的激情，更没有什么能遮盖灿烂生命的颜色。在蛙声里，我忘了自己。

雨仍在下，蛙声却愈加欢畅……

第二辑
淡淡乡野风

雪　纷　纷

　　入冬以来，已经连着下了两场雪。

　　父亲的老房子在雪里落寞着，就像披了满头霜的父亲，弓着背，低了头，无语着。

　　今年，父亲和母亲被哥嫂接来城里猫冬。

　　在乡下待了一辈子的父母像犯了错的孩子，低眉顺眼的，连脚步声都放得极轻，他们努力地适应着陌生的一切，努力地习惯着，可是晚上躺在床上的他们，还是长久的失眠。

　　圆圆的大月亮呵，你也曾那般深情地注视过那时的他们吗？

　　那时候，日子还遥遥无期，却似乎有着无穷的盼头。每到年尾，他俩就悄悄地倒着话茬："明年的这时候，房子就盖上了，咱就有个家啦。""是啊，咱再养头猪，过年给仨孩子都做身新衣服。"不知不觉，月亮已经移到了窗前，如水一般的清辉洒在被子上，映在他们并不再年轻的脸上。月亮那个圆，好像里面藏了无数的甜蜜，也浸润着他们此时满满的心，仿佛连睡梦里都能尝到甜哩。

　　父亲每天要往返一百来里去上班。风，霜，雨，雪，他从没有偷懒过。冬天一双大头鞋，夏天一双母亲做的黑松紧布鞋，兜里哪怕有一块钱他也

会掏给母亲。一下班回来就急忙去地里干活,父亲的字典里似乎没有"休息"这个词。

父亲虽然穿着打着补丁的衣服,但那时却是我们的天。父亲就是靠着辛劳和节俭,供着我们三个都上了大学,后来又给哥哥在城里买了房,娶了妻。父亲没有一官半职,家里的每一块砖、每一片瓦上都淌着他的血和汗。为了供我们上学,他骑很远的路去城里借钱,和人家说好话,赔笑脸。父亲的话语不多,他手中的锤就是他的语言。他把所有的力气都运在锤上,"当当当",那是激情的高歌;"当当当",那是生命的力量。

那一次回老家,没来得及和父亲说两句话,他就穿着满是油渍的打着补丁的工作服去上临时班了。返回的路上我特意去厂里看看父亲。在一片轰鸣的机器声中,父亲正对着漏风的车间大门"当当当"地凿着什么。有人告诉了他,他马上摘下手套向我走来。那时他已经六十多岁了。和我并肩走到街上,父亲只说一句"早点儿回去吧"。没走多远回头,见父亲还站在路边,他冲我挥了挥手。转回身我的眼泪"唰唰"地流下来。

什么时候,父亲肯歇一歇呢?

家里的债都还完了,父亲的听力不好了,父亲真的老了。我相继给他买了收音机、手机、掌中宝,可是老了的父亲似乎对什么都不大感兴趣了。哥哥送他的茶并不怎么喝;书看着看着就睡着了。他越来越迟缓的脚步和眼巴巴望向儿女们的眼神,都在诉说着他的无助。

可是父亲还是我眼里的天。

他低头追逐着蚂蚱回来喂鸡,积攒起鸡下的蛋留给我们吃;他弯着腰转着圈地采野菜,盼着让住在城里的儿女回来吃;他翻动着别人收过的花生地,捡拾起一粒粒的花生晒在窗台上;他去捡红薯,捡玉米,他只是捡不回自己的青葱岁月。他对这个家全部的深情都在这双布满老茧的沧桑的大手上了。他卑微而高贵,一如一棵树。

第二辑
淡淡乡野风

在奶奶的葬礼上,作为长子的父亲打幡抱罐一次次跪倒在地,他的后背早已湿透,那一大片印迹像是父亲无声的哭泣,刺痛着我们的双目。我年迈的父亲呵,在你送走了自己的母亲之后,你就成了一个无家可归的孩子啊。你的呼唤都堵在嗓子里,回荡在岁月的深巷里了。

我翻看着父亲过去的照片,那些照片都是回老家时我给他拍的。父亲每次都很高兴,洗洗手换上干净的衣服,挺直腰站在窗前那丛细竹下。从六十多岁一直到古稀。现在的父亲不愿再拍照了。他越来越沉默。

回趟老家,他说老家越来越凄凉了。以前父亲对他养的那只叫欢欢的鹩哥说过,欢欢你好好活着,我好好养着你。现在,鸟已去了,笼中空空。空了的岂止是鸟笼?父亲在城里的楼上,不停地换着频道,电视的声音很大,仿佛世界的热闹都集中在那里,而所有的寂寞像排成行的诗,密密麻麻,倒在了父亲眉间的"川"字里了。

在儿女面前,现在的父亲总是坐在一隅,胡乱地吃上两口,就默默地退到一边去了。以前父亲吃饭的情景,像是气势磅礴的黄河号子,脱下棉衣,喊一嗓子"大干啦",就排山倒海般地行动起来。我们都仰脸望向父亲,听他边吃边给我们讲着无尽有趣的事。

现在,他插不上话了,偶尔说一句,也很快被别的声音淹没了。他刚说一句"我当兵那阵……"就被打断了。"早过时了。"于是父亲咽下话头,闭了嘴,望望大家的脸,低了头,搓手。那手,掏炉灰、生炉子,以往都裂许多大口子,而今不裂口子了,可父亲搓着的像不是自己的手,他似乎在喃喃:我宁愿掏炉灰、生炉子。这儿不像是家,可家在哪里呢?乡下那个简陋的地方吗?似乎是,又似乎不是。

他说他适应力比谁都强,当兵时多苦的地方都待过。他说楼上暖和,不用蹬凳子再挂厚窗帘了。他又说他真羡慕乡下的老六叔六个女儿陪着自由自在……矛盾的父亲似乎一时理不出逻辑了。没事时父亲就占卜一下。

阳光轻抚，
梦想萌芽

他说有准儿。我将饱满的砍瓜籽收拾好交给父亲留待明年开春再种。砍瓜砍瓜，砍一刀还能长出新的来呢。

父亲说这个冬天真长哩。

雪扑簌扑簌地下着。心里暖了就不觉得冷了，是这样的吗，我的老父亲？我多希望您还能像我们小时候那样摸摸我们的小脑瓜，随口就编出一段顺口溜来。"丫头丫头爱吃酱，一边吃着一边唱。"哈哈哈哈……

其实，春天就住在我们的眼睛里。不信，父亲，您看，雪纷纷，纷纷……

第二辑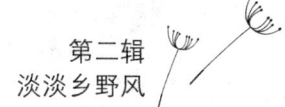
淡淡乡野风

红红的夏天

"只要姥姥、姥爷在,咱们的夏天便有吃不完的西红柿。"孩子说。

厨房的地板上,摆放着一排排红彤彤的西红柿。大的,小的,圆鼓鼓的,羞红了脸的,青涩未褪的,全部撒开了把子似的铆足了一股子劲儿,憋着乐子一般地等待着,守候着,盼着炸开锅的那一刻,将鲜亮的番茄素淌出来,浓浓的血汁一样,脉脉地流进我们的肺腑里。

每年夏天,我们都要过一个番茄的盛宴。

母亲说,她种的西红柿是村子里最好的。个个溜圆饱满,像吃饱了肚子的娃娃,露出一份儿喜庆,仿佛那里藏了许多的幸福和喜悦。母亲枯干的双手抚摸着一只果子,将它上面的泥点轻轻地抹去,大拇指又来回地擦了擦,才小心翼翼地放在我手心里,说:"这一个足足有八两呢。"她的脸上绽开了波纹,开心地说:"家里的西红柿没用化肥,不酸。我和你爸跟人要了两小推车猪粪铺的地,比别人家的果都结得多呢。"说话时,母亲黑瘦的脸上满是自豪。那双手,泥土一样的颜色,却也如泥土一样喂养了我们。

可是我,竟然还嫌母亲说话爱用手指指点点,还嫌母亲不注意刷牙,嫌母亲说话漏风还不去修牙。

阳光轻抚，
梦想萌芽

我考上县一中时，母亲忙着给我做棉被。棉花是跟人用粮食换来的。母亲不停地絮着棉花，边絮边说："三儿最怕冷，气管不好。一凉就咳嗽。小时候差点儿得气管炎。"冬天的那些日子，我睡在棉被里，就像睡在春天里。那一年，母亲已经五十岁了，却一直把自己当成十八岁的"小伙子"，风里来雨里去，一个人收拾着家里的五亩田地，摔打得两手结了厚厚的茧。

庄稼人苦，没黑没白，母亲累得腰酸背痛，一年一年瘦得跟稻草似的。我穿的鞋子一直是母亲做的黑松紧布鞋。

那一年，班上的很多同学都喝着营养补品来加强营养提高免疫力。母亲把家里的西红柿卖了二十元钱，托人捎给我。那天我正从食堂买了三个馒头回宿舍。来人说明了来意，丢下一句：你妈说让你买点儿菜吃，别总啃咸菜吃。攥着那温热的二十元钱，我的眼里一片湿热。我没舍得买菜吃，那时候一份菜五毛钱。我从同学那买了一罐麦乳精，回家的时候带给母亲喝。

母亲冲了一大碗，让我喝。我喝了一小口，又推给母亲。就这样，我和母亲你一口我一口地喝下去，只觉得胃里暖暖的，我们互相凝望着，就像生活的火炉里又增添了许多柴火和希望，一下子平添了无穷的力量。

母亲穿着一身陈旧却整洁的衣服，头上戴着灰色的头巾，她的黑瘦的脸上满是笑意。

"三儿，不用惦记家里，家里都好说。你看你瘦得成啥样了，多买菜吃，身子累垮了咋办？你放心，等白菜都卖了，家里过年就有钱了。"我低下头，拼命忍住打转的泪花。

那一年家里的白菜果真收了两万斤，一棵一棵地下了窖，母亲像照看婴儿一样天天下去收拾它们，半夜常常疼得坐起来，用力地甩两条胳膊。严重的风湿像一把尖利的小刀，残忍地剥夺了母亲睡个安稳觉的权利。

母亲的风湿是生我时落下的。我是伏天出生的，母亲说生我的第二天就进了伏，头伏、二伏、三伏，一天也没落，月子里落下的病也一直没养过来。母亲对我说有福之人生在三伏。可是我的福就是要靠母亲的苦来换取吗？母亲怕冷，大夏天也是穿了秋裤裹着腿。即使这样，她一刻也不愿闲着。每年生日时，我都会收到母亲的电话，叫我煮几个鸡蛋，并且让我在床上滚滚鸡蛋。

院子里这块土也跟母亲一样，从不肯歇一歇。

从开春始，母亲满打满算地种上一畦一畦的水萝卜、小葱、韭菜，等到春去，西红柿、黄瓜、豆角、茄子又相继下架了，秋冬便是长达半年之久的大白菜。家里的蔬菜从不打药，母亲总是戴着老花镜在烈日下将虫一只一只捉去。

今年六一过后，我回老家。母亲兴冲冲地从冰箱里抱出最后一棵大白菜，轻拍着对我说："一直没舍得吃，留着等你回来。瞧，一点儿都没坏！包你最爱吃的白菜大蒸饺。"

香气扑鼻的大蒸饺出锅了，母亲忙着先拣出一大饭盒装上，让我给孩子带回去，她和父亲只是象征性地吃了几个破损的，却慢慢地嚼着催着我多吃。那一顿大蒸饺，是我吃过的最香的饺子，至今回想起来，我还禁不住口舌生津，咽下口水。

眼下正是雨季。母亲说西红柿怕浇，也怕烈日晒，一裂了口就坏了。她蹲下裹了秋裤的病腿，戴着老花镜仔细地查看每一个果子，耐心地为它们遮上报纸。远看去，挂下来的一张张报纸像是撑开的一把把小伞，而头发灰白的老母亲正掩映在绿丛中。

青青的果，像一只只小拳头，半握着，酝酿着。红红的果，像一盏盏小灯笼，高挂着，燃烧着。生命的季节一茬一茬走过，灰了发，折了腰，唯有一颗心始终饱胀着，充盈着，越积越厚。

而那颗心的血脉一部分流进我们的生命里。这让我们明白，一颗种子

阳光轻抚，
梦想萌芽

长成庄稼，无论光辉与否，它的所有都不曾离开土地的馈赠。母亲就像那块土地，我们的岁月一点儿一点儿地都渗入土地的深处。

只要父母在，我们的夏天便永远是火红火红的。

第二辑
淡淡乡野风

古木苍凉

父亲早我一步先站在那棵古木下。

突然他开口问我："你的手机能照相不？"我立刻拿出手机，给父亲拍了两张照片。父亲执意给我也照一张，我教他，试了几次，拍出来的都是模糊不清的人影。父亲有些不好意思，大手拍了拍大树，催促着我回。

回来的路上落了雨，细细密密的，身上一阵阵的凉意袭来。父亲喊我到一个洗车的棚子下避雨。他望着灰蒙蒙的天空说："下不大，我怕你感冒。"我想起了小时候似乎也有这样的情景，那时父亲很强壮，用一双大手帮我擦去头上的水。

父亲从布袋里掏出两罐露露，递给我一罐。我一下子打开喝下去半罐，等我注意到时父亲还在用大手抠那个拉断的环。我帮父亲弄好，父亲拿过去喝下一口说："雨快停了。"父亲老老实实的样子竟像个孩子。

一年里，父亲大半的时间就是在地里忙碌。他那双曾经握钳子的大手开始采起一棵棵野菜，捡起一粒粒花生，拾起一个个土豆。他会在儿女们回家之时一锹一锹挖开一个洞，小心翼翼地摸出埋在里面的一个个萝卜，像寻找着一个个的密码。听儿女们闲谈时，父亲又悄悄地把穿着土布鞋的脚藏在后面。

阳光轻抚，
梦想萌芽

父亲的两只脚是长了骨刺的。可是他一直坚持着不去医院，只是穿着黑布鞋来来回回走路。他说，没有走不完的路，也没有过不了的坎。说这话时父亲的脸上是那种当过兵的他一贯有的坚毅神色。那年我大学毕业时，父亲和我一趟趟跑到矿上去打听分配的事，负责人冷漠地扫一眼摘下草帽的淌着汗的父亲，挤出两个字便打发了我们：等着。

可父亲并不气馁，回来的路上依然把那辆破旧自行车蹬得飞快。知了在树上高唱，没有一丝风，父亲的白背心已经湿了大半。路边有摆摊卖西瓜的，我和父亲忍着口渴赶回了家。到了家，父亲从水缸里捞出两根黄瓜，递给我一根，我俩坐在屋檐下大口地咬着脆生生的黄瓜，到现在，耳边似乎还回响着那欢快的声音。

转眼十多年过去了。老房子也日渐衰老，斑驳的墙皮大块大块地掉下来，像父亲灰白的头发。当年盖房子的时候，我们还小，父亲十分用心，垫地基、打夯、浇梁，每一道手续他都仔仔细细地检查，再恭恭敬敬地把香烟递到干活人的手中，听着别人的调侃："老马，你这房子还不住上几辈子？"父亲脸上抑制不住的笑意蔓延到嘴角，那里便出来一道细细的浅痕。

不知什么时候，梁上筑了一个漂亮而结实的燕子窝。每年这里都会孵出两窝小燕子。谁知，今年燕子没有回来。燕子窝还在那里，空空荡荡的，像一只丢弃的船。父亲幽幽地说："一定是母燕子死了。小燕子们是找不到家的。"

老屋落寞了许多，只有一缕一缕的炊烟日日陪伴它，飘向东南，飘向西北，飘呀飘。等到我们从城里回来的日子，炊烟似乎也受到了感染，像魔术师手里的丝绵，欢快地逸出，将我们的目光引向很远的地方。

父亲修理着老房子，也修理着自己的心情。他在窗子前栽了一大片芍药，栽了一畦小葱。父亲说，想看花的时候就回来，顺便拔点儿小葱。咱

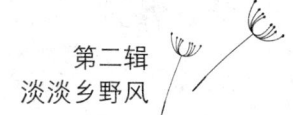

第二辑
淡淡乡野风

家的小葱不辣，蘸酱吃正好。父亲说这些话的时候，眼神里满是期待。芍药花见到阳光就争相开放了，就像一个一个的梦在人们的心头绽放了。父亲在电话里不经意地叹道："再不来，花就谢了。"

我去照相馆冲洗了相片出来。端望着古木旁边的父亲，一种暮色苍凉的疼痛瞬间席卷了我。照片上我的老父亲，始终微笑着，可那笑容里分明透着尘世的忧伤与无奈。

父亲本想如古木一样挺立起一方晴空，可如今，背驼了，他的天空越来越小了。老屋，村庄；村庄，老屋。就像一个圆和它的半径一样。古木是它的圆心。

父亲熟悉的一切正渐渐地远离他。他常常去探望古木，像去看望一位老朋友。古木是全村的福祉，它默默地承受住所有荣辱悲欢。

而父亲却格外老了。

阳光轻抚，
梦想萌芽

飘动的方头巾

在乡下，一年四季里，除了夏季，女人们头上大都戴着方头巾。

五颜六色的头巾飘动在大街小巷，形成一道独特而美丽的风景。

母亲的头巾是藕荷色的，上面起了球。出来进去，母亲总是戴着它。它们像一对老朋友一样默默陪伴。我常笑母亲，那些帽子、围脖不比头巾暖和？母亲笑笑，依旧系上她的藕荷色的方头巾出去了。

大多数时候，我寻找母亲的标志便是那块藕荷色的头巾。

以前家里冬天是有一个大菜窖的。两万多斤的大白菜全靠母亲一人经营。她像照看婴儿一般清早给它们打开窗子透气，中午要稍盖些稻草遮阳光，下午起风时则披挂上阵蒙上被子。母亲还要时时下到窖里去察看，是不是挂霜了，白菜是否长须子、烂叶了。每天一个一个抚摸一遍，像做功课一样，漫长的冬季就这样过去了。

这些白菜含糊不得，家里的收成全指望它。我常常趴在菜窖口看母亲，母亲踩着铁梯子一步一步探身下去，戴上套袖，抱起一棵菜开始收拾。藕荷色的头巾一动一动的，一线阳光下，呼出的白气清晰可见。我喊一声母亲，母亲嗔怪我叫我快回屋，窖里冷。母亲一个人在冰冷的菜窖里，寒气一点儿一点儿漫浸她的肌肤。母亲的风湿病越发严重了。半夜里，她时常疼得

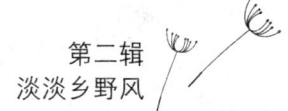

第二辑
淡淡乡野风

坐起来,咬着牙拼命甩她的两条胳膊。母亲对我们学习上的督促也由此而来。她说:"庄稼人苦哇,谁有本事谁考出去,砸锅卖铁我也供!"

赶上白菜大丰收,收拾一冬也卖不上好价钱。两分钱一斤,还要排着队眼巴巴等待。一窖子的绿油油的大白菜,菜贩子挑剔得不行,颜色绿的嫌难吃,个头小的嫌没长熟。母亲赔着笑脸,狠着心把白菜收拾到让对方满意,将两万斤白菜换来薄薄一沓钞票。母亲拿着钱,看着满载而去的大卡车,茫然若失。她那藕荷色的方头巾在寒风中簌簌抖动,我拉一下母亲的手,冰凉。

母亲系紧头巾,弯腰去捡拾地上狼藉的菜叶。平时母亲是多么不舍得吃菜叶啊。母亲拾起一片鲜嫩的菜叶放进嘴里大口地嚼着,连同眼里汹涌出来的泪水一同咽进去,我不知道她吃出来的是什么滋味,只记住了她肩头上抖动的方头巾,分明像个委屈受伤的孩子。

院子里那棵手指粗的香椿树已长到一房高了,依然戴着藕荷色方头巾的母亲明显有了老态。她嘴角的皱纹密集得像小河流,嘴唇干瘪,说起话来有点儿漏风,有时一句话你要跟她说三遍她才会听到,对一件事她往往会不厌其烦地说多次。

好好活着,让儿女们回来有个像样的家。母亲为此始终忙碌着。

春天里,她围着方头巾弯腰种上一畦畦应季的菜:甜而不辣的小水葱,脆而嫩的水萝卜,肥而绿的莴苣。田野里她挖来一把把野菜,洗净,烫好,留等我们回来。

秋天里,她出去捡玉米,一粒一粒剥落后,拿了去喂她精心喂养的三只鸡。母亲自豪地说:"它们一天三只蛋,差不多天天下呢。"她把蛋分装在三个大饭盒里,铺上棉絮,留着给城里的儿孙们补充营养。她不舍得吃,老两口只把寒风中排大半天队挣得的六只鸡蛋,奢侈地吃了三个。

冬天里,她又开始拾柴。枯树枝码得小山堆似的。每次她都说:"大

阳光轻抚，
梦想萌芽

锅炖肉这些柴最好用，肉入味，炖出来的香。你们兄妹三人一家一大块肉。"

年快到了，戴着方头巾的母亲更加忙碌了。她忙着用大半天时间蒸江米黏饽饽分给众人；她忙着用一整天时间剁山楂熬成冰糖罐头分给大伙儿；她忙着用两天时间侍弄炉膛里的烤红薯分给孩子们……

有一种美丽叫无言，有一种爱叫无私。

我们的老母亲呵，你已越过了古稀的边缘，正一步步走向生命的纵深处。可是那块方头巾，还一直飘动在故乡的每一个地方。

每次给母亲钱，她都不要。我说："妈，你好好活着，我得的稿费都给你花。"母亲说："我不缺钱，别总费心累着自己，多放松自己。"我久久地抚摸着那块方头巾，感觉仿佛有一股股暖流在身体里激荡奔流。

那块飘动的藕荷色的方头巾呵，你像一朵圣洁的荷花，开在我四季的天空，开在我永不凋谢的记忆的最深处。

第二辑
淡淡乡野风

老 父 亲

谁没有老父亲呢!

这个周末,老父亲打了三个电话。他是无意中听到我跟母亲说的烦心事之后打来的。第一个电话是在我和母亲通完电话后晚上九点打来的。他说:"教育孩子就跟种黄瓜一样,该浇水浇水,该爬架爬架,强求不得。他还跟我讲了马云的故事,考了三次大学,有一次数学只考了十三分,关键是要发挥孩子特长。"第二个电话是第二天中午打来的。父亲问我想通了没有。第三个电话是下午他又用手机打来的,他说啥时候回来告诉他,他给我摘黄瓜,土豆也收了不少。

放下电话,眼泪怎么也止不住如小溪一样奔涌出来。老父亲耳朵有些不好使了,平时电话大多是他接了也立刻给母亲。不知这次他是怎样用心听到了我们的谈话。

老父亲呵,一定是一夜无眠。

老父亲常常捕捉生活中的细节。他说北院子里有五只花喜鹊,那也是一家五口,虽然大喜鹊破坏了他刚种的花生,他也毫不在意。他说可不能伤害它们,它们都是有灵性的小东西哩。你哥说他们单位老于惹了一只喜鹊,老于赶集时大喜鹊还追过去在后面啄它呢。这一家五口在咱们这儿挺

阳光轻抚，
梦想萌芽

长时间了，多像咱们一家啊。老父亲无限爱怜地望着那五只花喜鹊，一望就是半天。这五个小东西也带给老父亲许多温馨与回忆吧。

那时我们一家五口不也是这样形影不离吗？老父亲就是我们的天。他像大喜鹊一样四处奔劳为我们找来吃食，辛辛苦苦把我们养大了，我们都飞走了。也许他现在倒宁愿三个孩子还像小时候那样冬夜里守着他听他讲《聊斋》的故事吧？

老父亲还说前院有两只麻雀，每天他给太阳能上好水之后，一只麻雀放哨，一只麻雀则放心大胆地去喝水管里滴落的水。他就那样悄悄注视着它们相互换着喝水直到离去。

老父亲和老母亲两个人住在空空荡荡的大院子里，出来进去只有他们两个，他们也像这对老麻雀一般互相守候着，不离不弃，哪儿都不想去。

这里是他们的家。

住了多年的老屋，种了一辈子的土地，还有和他们年龄不相上下的老榆树，他们离不得，走不开。老父亲大手摩挲掉一头蒜上的土，只见它们瓣瓣紧抱，一副难舍难分的样子。老父亲说他在南北两个大院里都种上了应季的菜，要啥有啥，想吃啥你们就回来，保管让你们吃着新鲜、放心！老母亲说，菜上生了小虫都是他俩顶着阳光、戴着老花镜一个个去捉的。

"梨花开了，再不回来看就该谢了。""樱桃红了，再不摘下场雨就糟蹋了。""莴苣菜长得水嫩，放冰箱了，再搁两天就不好吃了。"……各种蔬菜水果长熟了，也是老父亲呼唤儿女归来的深情的话语。老父亲望着那一棵棵菜，喃喃自语。宽大的绿叶在风中舒展，像是孩子浑圆的手臂将要缠住他所依恋的大人。它们欢欣地在风中舞蹈，也只有它们能耐心地听老父亲一遍遍念叨。老父亲像是望着自己的儿女一般热切地望着这些熟稔的菜，轻轻掸去这片叶上的灰尘，给那棵不太壮实的培点土，再给刚栽种的小苗浇点水，像做功课一样，他每天习惯于默默地陪伴它们。

  老屋像风中的鸟巢一样，时刻期盼着小鸟的归巢。老父亲还是从前那个我们心目中的老父亲。似乎时间并没有走远，他的爱始终像天使的翅膀一样守护着我们。不敢想象，如果有一天，这份爱像断线的风筝一样飘散，我们该何处安放归家的脚步？

  一年，一年。老父亲会像笨重的时钟一样缓慢地走完他生命最后的钟摆。他的每一声呼唤，每一个眼神，每一次守望，都像年轮一样深深地刻在我们回忆的转盘上。

  家在哪里？父母在的地方即是家。爱在，家在。

  日落月升，满天的星斗闪烁如眸，乡下的夜呵，宁静而安详。风轻柔地吹，请将美梦送给院子里两个白发苍苍的老人。正因有了他们，我们的一切努力才有了意义。

  老父亲，老父亲，你多像一首歌谣，永远传唱在儿女的心中。

  老父亲，那是我们希望的田野。

阳光轻抚，
梦想萌芽

土 地 谣

列车向着东北方向行驶。广阔的关外大地，丛林茂密，庄稼密集，有一种思绪排山倒海般撞击着我的心扉。

土地，那是生命的根系，繁衍着民族血脉的庄园。

迎着风灌入满耳的全是地道的东北口音。我们才一张口，就被贴上了外地人的标签。天南地北的文化，就像不同的河流汇集在一起，交融，又分开，再各自奔流。"东北的大米香呵，松花江的水灌溉，生长期老长了。""东北的黑木耳口感好，肉厚肥腻，咋吃都行。"

一一记下了他们对土地的热情盛赞，我们一行在东北的大地上纵横驰骋。

走得越远，那种思绪越强烈地占据头脑。是的，这是属于我们的土地，那么辽阔，那么肥沃，任何人也不能从我们的手里将她夺走！

高高的白桦林呵，笔直的苍松，欢快的花狸鼠，它们属于这里，这片黑土地，是家，是永远离不开的族系。

就像我，离家越远，越想念那片黄土地。

土地上生长出来的不止植物，还有长长的触角，它们像藤蔓一样缠绕着你，在你的心上覆盖成一片绿荫，时时点燃你的激情和梦想。

第二辑
淡淡乡野风

"一把黄土塑成千万个你我,动脉是长城,静脉是黄河。"我们的土地只有一个名字:中国。

土地是丰腴的。再贫瘠的土地,播下种子,也会有希望。一年四季,土地不间断地捧出无私的馈赠:一把把花生,一棵棵萝卜,一根根黄瓜,当我们津津有味地咀嚼的时候,我们有没有深情地注视过土地,给它哪怕是片刻的目光的抚摸?

这一块土让我们成长,也在我们身上打下了深深的烙印。"一方水土养一方人。"乡音是我们寻找故土共同的通行证。地域小了,感情深了。

蝉鸣、虫吟、犬吠、鸟语,许多物种的声音像是这块土地的一面面镜子,照得见的时序,丢不掉的记忆。时光像是草尖上滑落的露珠,锦缎一样华美却不留下一点痕迹。

"清明前后,种瓜点豆。""立秋抽禾秕,寒露露禾标,霜降降禾齐,立冬小雪满坡红。"老人望着吐穗的玉米在风雨中飘摇,哼唱着这些耳熟能详的农家谚语,那姿势像是一位虔诚的佛教信徒,只在心里把所有的祈祷默默吟唱。

帮母亲把一根根竹竿插进土里,就像在心上插上了一面旗子。迷惘的时候,低落的时候,痛苦的时候,都能在这里找到方向、力量和希望。心里的种子唤醒了,一生都不会走错方向。

在城市的丛林中穿行,我渴望找到一方土地让我亲近双脚。母亲说,在土地上行走,才会留下足迹。老家的院子里的每一寸土地,母亲都开垦出来撒下了种子。母亲说闲着的地就像荒芜的心,不踏实。和土地亲近了一辈子的母亲的双手是和土地一样的颜色——黑褐色。母亲一生勤俭,一个豆粒都不舍得浪费。

现在村里的土地大多被征收了,建起了瓷厂,河流被污染了,土地也遭了殃,很多壮劳力突然死去。村庄越来越衰老,越来越寂寞。

阳光轻抚，梦想萌芽

当铧犁翻开一层层波浪似的黄土，爷爷紧跟在后边扬起手里的种子撒下去，欢声笑语也随之洒落一路。田园牧歌似的场景像古老的书卷，泛着发黄的记忆。土地躲在角落里，黯然神伤。

村东头的坟地里，还有无数的灵魂陪伴在她身边。

树木与村庄，土地与河流，天空与白云，此岸与彼岸。你即是我，我即是一切。我听不清现代人嘈杂的谰语，我只愿在窗前栽菊修竹，闻到泥土芬芳的气息。

我听到土地深处那古老的歌谣，苍凉而辽远，浑厚而低沉。我知道她和着我的思绪正一起走向远方……

第三辑

云上轻歌

阳光轻抚，
梦想萌芽

一朵花开的时间

在缤纷的年纪里，她遇上了他，说不清对还是错，就那样不顾一切地爱了。借用一句歌词就是：我的心里满满的全是爱。

"优哉游哉，辗转反侧。"她像一只候鸟，时时追随他的方向。只是，相恋的时光仅如烟花释放。她再发短信过去，却没了回音。她舍不得放下，不相信那些在一起的场景化作旧梦。手机里仍存储着他的两条信息：我喜欢你。我很想你。把玩手机的时候，她常常会把那两条短信从归档里调出来，看了又看。

他的博客她悄悄地匿了名去看，仔细地读他的每一条评论，甚至他经常关注的某个异性网友她也要过去看看。有时会因为他和谁谁的某些暧昧的话语而微微地吃醋。

他不断地添加着网友，却删除了她。她又发出好友邀请，他不理。她听着他博客里的那些音乐，眼里布满忧伤。所有的思念都织成一张网，她的天空被网格分割得不再完整。

她给他写信，一封接着一封，却都石沉大海。在一个月黑风高的夜晚，她给他发了最后一条短信：我和你说再见了。之后，她痛哭了一晚上，第二天红肿着双眼去上班。她笑着向同事推荐一部电影《山楂树之恋》，说它很感人，昨晚她看得一直泪流不止。

她开始不再回忆，为自己，也为他。她删掉了他的短信，他的博客她也不再去看，那个她为他设置的博客也不再登录，她不再写信，她封存了所有与他有关的联系。

倒是他不习惯了她的突然放下，像是缺少了浪花拍击的海岸，忍受不了一时的清静。他时不时发短信过来。她微笑着回复一个短信：多谢！保重！还将旧时意，怜取眼前人。

她终于豁然了。她也明白当初他对她确是真心的，他也爱过她。"锦瑟无端五十弦，一弦一柱思华年。庄生晓梦迷蝴蝶，望帝春心托杜鹃。沧海月明珠有泪，蓝田日暖玉生烟。此情可待成追忆，只是当时已惘然。"她把这首诗工工整整地写在新日记本上。

她把长指甲剪了，在春日融融的阳台慵懒地望着那盆茶叶花。再听人说起他对现在新人的殷勤、讨好、热烈，她都一笑置之。他们是有过交集的两条直线，现在却是两条绝不会重逢的异面直线。他快乐她便心安。这样足矣。

所有的花的香气中，她唯独迷恋茶叶花。为此，她养过许多次，但终没有等到开花就都死去了。她现在养的这盆，刚拿来时单薄的细枝上顶着一朵浅浅的白花，如同一颗遥远的星。可谁知，竟是这样小的一朵花，使得夜晚整个房间里都弥漫着醉人的清香。

花儿谢了，她小心翼翼地捡拾起来，夹在诗词书页里，读诗的时候还可闻到花的香。

缘来缘去，也如同一朵花儿开。花开的时候尽管珍惜，花谢了也自会留下一份馨香。她从那场山呼海啸般的情感风暴中抽身出来，没有让漫天的抱怨和仇恨湮灭自己，而是为有限的生命留下了珍贵的留白。

她泡了一杯茶，看着茶叶慢慢地沉下去。不多时，一缕缕的清香便逸

阳光轻抚，
梦想萌芽

出来。多苦的茶品到最后不都是一抹余香吗？她想着，轻轻捻了几片茶叶放进嘴里。心香若茶，沉下去的多了，升起来的香味才愈浓……

第三辑
云上轻歌

那些爱情的伤

操场上,几棵大白杨。二十多米高的样子,我仰起头来才看得到它们的树梢在接近着清风流云。鸟轻轻地飞过,那些甜蜜的话都到哪儿去了?

大白杨树身上有斑斑刻痕,岁月流逝,上面的字早已面目全非。但是那一笔一画写下来的名字曾经深深地印在心上,柔柔地荡起一朵最美的涟漪。如今再抚过去,那些日子仿佛还在合欢的花瓣上绽放。

在一起的时光总是那么短暂,欢笑与泪水捆绑着记忆,那时的月光披着面纱,神秘得如锦衣夜行人。穿着白衬衣的少年徘徊的身影晃动在小路上,随着星光缥缈朦胧,如握不住的一粒沙。

麦子肤色的脸,凝着忧郁的眼神,默然对着悠悠流淌的小河水。一本书里夹着一封信,这页换到那页,辗转漂泊,无法停泊的心绪在青春的年华里斑斓放歌。满纸轻飘飘的文字抵不过一个心动的眼神。秘密就在不敢对视的躲闪中喧哗。"蒹葭苍苍,白露为霜。所谓伊人,在水一方。"反反复复的诗句里熨帖着的岂止是滚烫的情丝?

雨季,奔跑。宽阔的操场上,飘来如泣如诉的小提琴曲。再多的翘首终是一条望不到尽头的路。合欢花簌簌地落下,撑一把小伞,艳艳的芳华褪去,留下一地的斑驳。花开且落,昨日已去。

阳光轻抚，梦想萌芽

猜不透的心思，一段序曲还没有开始就已经走到了尾声。误会像一指纠缠不清的乱麻，声声撕断了牵连。擦肩而过，向左，向右。雨中的莲兀自飘摇，谁为喜欢来最后埋单？

落幕的时候请高歌，毕竟一起走过那段旅途。大白杨上的名字歪歪扭扭，纵横进岁月沧桑的纹路里，没了退路。那些如刺青般疼痛过的日子丢在了风的呼啸里。

翻开洁白的纸，黑色的碳素钢笔尖在上面行云流水，写下故事里叮咚的音符，写下一篇篇回不去的留恋。月光在笔尖跳舞，静谧的夜旖旎成梦的船帆。渡到彼岸，去看曼陀罗的刹那芳华。

不如转身，来做一条鱼。偷偷读懂海的寂寥，礁石的隐忍。永恒不是一朝一夕的涨落，成长需要破茧成蝶的勇气。褪去青涩，才可能穿越沧海。

经霜的柿子才甜。从夏初的挂果，期间经历炎炎烈日的烘烤，沐浴猎猎秋风的洗礼，直至深秋的寒霜为它抹上最动人的颜色，只有岁月才能酿造生命的琼浆玉液。

爱了，不是全部；不爱了，也不是所有。低头看到脚下的路，抬头就是一片蔚蓝的天空。云是天使的翅膀。

秋并非绚烂的结束，恰是沉淀的风情。人生至秋，不必叹息和忧伤，不远处，便是一场华丽的春的盛宴。那些爱情的伤，只是青春里的一道分水岭。左手倒影，右手年华，我们的青春在闪耀！

那些大白杨呵，早已树冠如盖，每一片叶子都在清风中歌唱。深情地抚摸它的树身，仿佛在触摸青春岁月里永不褪色的黑白照片。万般滋味，都化作一滴隽永的回味⋯⋯

给疼痛以深情的拥抱

事情虽然过去了那么久,可是我现在回想起来仍然如刺青一般,隐隐作痛。

初三的时候,教我们数学的是一位从其他学校调过来的男老师。那时我们刚从文言文里知道了"贬谪"这个词,听同学们说他是被县城的学校"贬"到我们这所中学里来的。不管怎么说,他的数学课讲得不错,只是他课上常常目光迷离地望着女生,说出一些让我们脸红心跳的话来。比如,他说"你看我看你的眼神多深情啊",或者"小姿势挺美的嘛",懵懵懂懂的我们实在不知如何是好。

有一天上课的时候,我正在用心听讲,突然他用那种意味深长的目光望着我,嘴角扬起一抹不易察觉的微笑说:"你还说呢?"我知道他又要借题发挥了。我看着他,低声道:"老师,我没有说话。"他显然是没有预料到,愣了一下,但是很快又恢复了常态,意味深长地说:"我也没说是你呀!"语调明显的暧昧,脸上重新恢复了那种调笑的神情。我的怒火也不知怎的"噌"的一下子被点燃了,我站起来理直气壮地说道:"那你总看着我干什么?"整个教室里立刻弥漫了一种令人窒息的气氛。他脸上的笑容僵住了,表情也极不自然,可能是他不曾料到和往常一样的一场"娱

阳光轻抚，
梦想萌芽

乐"就这样被我这个不识时务的笨家伙给搅乱了，他硬邦邦地甩出一句话："你要认为你对就坐下。"我像一头小倔驴子，一声不响地坐下了。我不知道那堂课是怎么结束的，我也不知道接下来会有什么在等着我。

孩子的天性永远是那样无忧无虑，就像天上随风飘浮的白云。很快，我把这件事忘到了九霄云外，可是事情远没有结束。

在后来的数学课上，他总是有意地把我前后左右所有的同学都叫起来回答问题，就是不叫我。哪怕我的成绩仍然在年级名列榜首。他一个接一个地叫着我身边同学的名字，极耐心地，那样子就像一个熟练的屠夫在慢慢地享受片割待宰的羔羊的那种血淋淋的快感。他的脸上挂着那种志在必得的胜者的笑。

好在我没有被打倒，更确切地说，当时我并没有意识到老师其实是在用这样一种方式对我进行打击报复。我的成绩一如既往的好着。只是后来当一个同学忍不住问我"你生气吗？我们都觉得很过分"时，我才像被人当头打了一棒。我感到一种从来没有过的苦闷。

在以后的数学课上，我一遍一遍地听着身边的同学被他叫起来，默默地忍受着他言语和目光中那种锋利如刀的鄙夷，就像一个人走进了漆黑无比的荒郊野外，无论怎么哭喊都无济于事。那一刻，内心似乎有无数根钢针在刺穿。慢慢地，每一堂数学课对我都变成了一种煎熬，直到我毕业逃离了那所中学。

他让我过早地品尝到了"侮辱"一词的滋味。精神的伤害真的可以痛彻骨髓，在人的心灵上划下难以愈合的疤痕。

无独有偶。两天前公司年度会餐，领导拿着酒瓶亲自给每一个员工敬酒，唯独落下了我。他的那种轻慢的眼神不言而喻。原因就是不久前公司的一项举措明显地损害了权益者的利益，在大家的一致叫好声中，我却坚决地投了反对票。再加上我一向嘴巴笨，人际交往上不会对谁表示亲近，

用离任老领导语重心长的话说就是:"孩子,你要学会双腿走路啊。"可是,方法可以改变,秉性不好学来。

与上次所不同的是,在这一次领导的故意冷落中我保持了出奇的冷静。我暗暗告诉自己:是非面前绝不妥协让步,就像黑白分明的棋盘,要想走出活路,就必须把守住自己的根据地。"义"字行天下,无论什么时候。

在岁月的洗礼中,总有这样或那样的疼痛会让我们备受折磨,感受到难咽的屈辱和无奈,尝尽人生的孤独和寂寞。不妨,让我们给疼痛一个最深情的拥抱,就像阳光抚摸断翅的蝴蝶,驼铃吟唱跋涉的旅途,让黯淡的心灵在低落的深谷里也能开出灿烂的花!

阳光轻抚，
梦想萌芽

年是一朵幸福的流云

跟着春风，踩着欢乐，年一路走来。

年是一朵幸福的流云。它满载阳光雨露星临千家万户，在鞭炮声中绽开如花的笑靥。

此时此刻，在这片古老的土地上，似乎到处都在回响着一种神圣的呼唤：归来吧。是的，无形中像是有一张巨大的吸盘，吸引着所有在外的脚步踩着新春的鼓点儿，春燕般翩然归来。年就像一棵千年老树，纵使它的根须已经延伸到远方，它依然潜伏着一种力量召回它的孩子们寻根祭祖。无论相隔多远，语言多复杂，根脉上都有一个鲜明的烙印，那是龙族共同的标记。无须辨识，无须提醒，古老的歌谣在同一时刻响起，血脉的延续在一次次的叩拜中得以融合。年是一个接榫点，起承转合代代的离合；年是参天的青竹，全身披挂年轮的竹节；年是一座火山，暗里奔涌着沸腾的情感。万千种声音在这一关节里汇集，交融，喷发，那是一个不断提炼着亲情、友情和爱情的大熔炉，那是一列满载着喜悦和希望的和平号列车！

五湖四海，天地间奏响了同一个旋律。

这时候，年变成了一处驿站。回首与展望之间，新旧交替、更迭。人生便是走过这一个个的驿站，前路不忘来路的风雨坎坷，今天串拾遗落的珠贝。年龄不再是代表老去的简单数字,而是藏着许多解读生命奇迹的达·芬奇密码。

花开花谢,年复一年。有限的年轮斑驳如记忆。年像一座座分水岭,此岸烟火,彼岸征程。光阴细碎得如树缝间筛漏的阳光,伸出手,抓住的只是几根断发。一声声爆竹,就像一道道鞭痕,无情地赶走短暂的青春,梦不可不分昼夜。

年像一个憨态可掬的老人,醉倒在岁月流出的琼浆玉液中,对着我们慈爱地微笑。点起高高的红烛,翻动发黄的家谱,族系的使命如新生的竹笋潜滋暗长,感谢天,感谢地,感谢祖辈沉重的付出。在烟花绽放的星空下,灵魂在生命的厚土里拔节。

无论身在何方,地图上那个雄鸡的轮廓始终是心中的图腾。目光在祖国的地图上驰骋,原来世界上最近的距离便是两颗心的距离。没有哪一刻比此时离祖国更近。礼花绽放的璀璨夜空,心中默默祈祷:希望,明天!

年像一条宽广的河流,沿途收拢着沟沟渠渠,冲破泥石险阻,一路欢歌,没有半点颓废。人生旅途,聚散总无常,悲欢亦常演。踏过万水千山,波澜不惊,终归大海。在年这一节点上,释放,凝聚,奋发,这不正是古老民族留下传奇的发源地吗?

钟声敲响,举杯同庆。身体里有一股热血在肆意奔突,跨过年槛,走近春天。幸福的日子里每天都在过年。

"过年啦,堵上灶王爷的嘴。上天言好事,下界保平安。"哈哈哈,歌声笑声飘出窗外,飘向希望的原野。

年是什么?年是一坛子陈年老酒,历久醇香;年是那朵幸福的流云,总在春风里陶醉。

如果来点儿雪,年味就更浓了。扑簌簌,带着惊喜。那一定是云朵藏在袖子里的飞花……

阳光轻抚，
梦想萌芽

悄悄地提醒

为了听鸟鸣，我特意起得早，呵呵。

天已蒙蒙亮，空气中似乎笼着一层雾气。青青的麦苗上全部顶着晶莹的露珠，果如珍珠一般，令人赞叹不已。广阔的田野静悄悄的，只听到各种鸟鸣从四面八方交织着传递过来。

屏着呼吸谛听，生怕一不小心惊动了这些清晨的歌唱家。是什么鸟儿一声一声地叫，活像牙牙学语的幼童？"啾,啾,啾。"莫不是在练习发声"妈"音？难怪刚会说话的孩童也是一个字一个字地往外蹦呵。不能笑话它们，谁不都是慢慢长大呢？又是谁在那儿得意地炫耀似的一阵长叫？像骑着单车的少年打着呼哨风一样穿过。青春就是这样无遮无拦，任什么也不能阻挡一颗对自由向往的心。你怨不得它们，谁的青春不是这样肆无忌惮？麻雀是北方的小精灵，这些忠实的留鸟，熬过漫长的冬，最有资格在这儿品头论足了，且听它们叽叽喳喳发表高声阔论吧。是谁发出的这样惬意的像振翅似的鸟鸣声？我四下看不到一只鸟，只像个置身迷宫的孩子被各种鸟声包围着，聆听着，分辨着，猜测着。麻雀、布谷鸟、小黄雀、百灵、燕子等。大喜鹊的声音最笨拙，像是一个蹩脚的男高音，几声不和谐的叫声之后，立刻就会迎来群鸟的交响乐。

由高到低，此起彼伏，各种鸟声交织着，时不时远处还传来一两声犬吠，乡村的清晨果真是热闹非凡。这是鸟的世界，这是欢乐的海洋。大自然以它最真实、原始的面貌展示出它最迷人的风采，听得懂鸟鸣，也便听懂了我们的内心。

出尘如莲，心清若水。大自然悄悄地提醒着我们：摒弃喧嚣浮华，回归自然本色才是真生活。

我们几时肯停下匆忙的脚步聆听自己内心的愿望？

鸟儿一声一声地叫着，撒着欢的，抖着翅的，互相追逐的，它们无不变着法地歌唱着春天。在这里，谁都是主角，谁都有舞台，谁都发声音。这是春天的集会，这是黎明的号角，这是生活的旋律。

极远的又是极近的，极洪大的又是极细切的。像美丽的姑娘在吟唱歌谣，像唢呐在齐鸣合奏，像提琴在流泻，像晨钟在轰响。轻重缓急，远近高低，这万般鸟鸣，被一支看不见的指挥棒编织在一起，汇成一曲奇妙的乐章。在这乐章之中，仿佛能够听见岁月的回响、历史的更替，生命之树在吐芽、拔节、生长、繁荣、凋零、衰败、死亡，新陈代谢的声音，由弱到强，渐渐展开，升腾为主旋律。我仔细倾听着，分辨着，遐想着，似乎我也变成了一只小小鸟。

鸟是天地间飞翔的舞者，是画布上灵动的墨点，是最伟大的歌唱家。若是大自然没有了鸟声，若是生活中缺少了歌唱，就像消失了雨水滋润的草木，再没有生机。

人声渐起，鸟声渐稀，耀眼的红日升起来。各种天籁之音终于淹没在一片尘嚣中。一只小小的鸟终于从树枝间弹出，飞上了青天，去寻觅它的未来。

鸟依旧在耳畔啁啾。似诉，似语，似在悄悄地提醒：做一个歌唱的王者，无论生命以何种姿态，且让它自在如歌！

微笑着和这个世界讲和

云淡了，风轻了，再难的事都能挺过去。

眼前这个挥舞着乒乓球拍、精神矍铄的人，你完全看不出她的真实年龄，无论是挺直的腰板、明亮的眼神还是敏捷的动作，都不能跟一个已经八十四岁的老人联系在一起。

她叫翟慕珍，1950年建筑学校毕业后被分配到北京，与一个老八路结婚，1956年和男人支边到青海劳教农场工作。男人是副场长，后见异思迁，为达到离婚的目的把她打成"右派"发配去劳教，她带着两个年幼的女儿，在那荒凉的滴水成冰的地方，顽强度日。她每天安顿好两个孩子，再骑二十多分钟的马赶过去劳动，那份凄苦无以诉说。1961年副场长犯错误，她得以平反，之后留在青海过了许多年。后和一个老干部结合，生了一个小女儿。在"文革"中她又挨批斗，剃阴阳头，受到百般折磨，1978年才彻底平反回到了北京。

漫长的岁月她仅用几句话便轻描淡写地叙述出来，她不像在讲自己的故事，倒像在诉说别人，枝枝蔓蔓抹去，无悲无喜，有的只是平静和淡然。

她看起来只像六十多岁的人。我问她年轻的秘诀。她笑着说好心态。苦也罢，痛也罢，没有人能替你坚强，只有自己把一切都放下，该怎么生活就怎么生活，努力过好每一天就是了。至简箴言。

的确，苦难是上天赐给每个人的一笔财富，一颗倔强、打不倒的心才是建造你心灵圣堂的基石。救赎不在别人，只在自己。也许你不知道明天在哪里，但是你懂得现在该怎么生活，快乐地迎接你所面对的，不做跌倒的懦夫，不怨天尤人，地狱也当是天堂。

塞翁失马，焉知非福！有时候，从自我狭隘的感情走出去，山穷水尽之处也能走出柳暗花明来。

我的同事S在四十多岁的时候失去了丈夫，对她来说似乎天一下子塌了下来。因为婚后这么多年她都是在丈夫的宠溺中过来的。最初她活在泪水里，自己也丧失了生活的勇气。

黑夜中也有星星灯火，她抓住了救命的稻草。她开始读《圣经》，写日记。渐渐地，她平静了下来。一切从零开始。她学着拿银行卡取钱，学着带老人去看病，学着在闹市中开车，学着把欢乐送给别人。

唯其痛苦，才有欢乐。她的脸上开始有了笑容，她常常哼着歌给别人帮忙，她推荐给我看《不抱怨的世界》，她在新年晚会上大声地朗诵主席的《水调歌头·重上井冈山》：

"久有凌云志，重上井冈山。千里来寻故地，旧貌变新颜。到处莺歌燕舞，更有潺潺流水，高路入云端。过了黄洋界，险处不须看。风雷动，旌旗奋，是人寰。三十八年过去，弹指一挥间。可上九天揽月，可下五洋捉鳖，谈笑凯歌还。世上无难事，只要肯登攀。"

她那澎湃的激情，铿锵有力的动作，简直和从前判若两人。

她这样微笑着，似乎忘了生活的伤痛。偶尔听她谈起，她也只是释然一笑："快乐也是一天，痛苦也是一天，为什么不快乐地过呢？"

是啊，到底是什么让我们眉头紧锁，阴云缠绕，心情纠结？是所有的得与失。

阳光轻抚，
梦想萌芽

　　你耿耿于职称的评定没有你，你不满于工作的重负压着你，你忧愁于孩子的学习不理想，你困惑于人际交往的功利世俗，你苦苦于成功的光环离你太远。一系列的欲念徘徊在你心里，如鲠在喉。

　　殊不知，当你努力了收获充实和坦然，当你豁达了得到平和与健康，当你关爱了得到理解与信任，当你真诚了得到诚实与友谊，当你拼搏了得到无悔与希望。所有的失去同时也是得到，坏的反面就是好，事物都有双重性，换个角度你会发现，残缺也是一种美。

　　亲爱的朋友们，微笑吧，生活就是一面镜子，你笑它也笑。背着枷锁和重负走不了远路。人生的旅途不是远方的目的地，而是一路的旖旎和自在。山高水长，微笑入怀。

　　云笑了，花就开了；你笑了，天就晴了。

　　微笑着和世界讲和，心释然了，便没有解不开的疙瘩，迈不过去的坎。

　　微笑是一面旗帜，让其高高地飘扬在生活的凯旋门前吧！

第三辑
云上轻歌

时光里的一条鱼

彼时,他见到她,春风浩荡,闪亮的眸子如漾满阳光的河流,上上下下波光宛转,而她年轻的脸颊亦在此注视下生动得映上两朵桃花。

浪漫手牵手,不知寒暑。最美不过春之花、秋之月,一场雪轰轰烈烈地降临时,爱情早已过了保鲜期。

当爱没有浸入灵魂,情便如利刃出鞘,划过就是伤,丝丝都是痛。"梨花院落溶溶月,柳絮池塘淡淡风。"再相问,句句都是多余。"为什么不回短信?""还记得去年木槿花开的时候吗?""你有没有爱过我?"

倏忽变星霜,悲伤满衷抱。回不去了,一转身,爱已天涯。心触摸到了冷雨,窗外还会是晴天丽日吗?所有的你侬我侬,都化作了风景,留在了记忆的黑白底片里,相信还是不相信,现实都不可能出现梦境,掩耳盗铃掩盖的只是不敢面对的脆弱。

鱼也会流泪,它的泪在海里,海替它储存了苦涩。一天到晚游泳的鱼,不能歌唱,就尽情地呼吸吧。

在伤口上舞蹈,痛并快乐着,希望可以破茧成蝶。

在时光里逡巡如鱼,与苦涩深情拥抱,与希望握手言欢。我不能俘虏爱情,就让我打败懦弱吧。普希金的那首名诗依然还能吟诵:"假如生活

阳光轻抚，
梦想萌芽

欺骗了你，不要悲伤，不要心急！忧郁的日子里需要镇静：相信吧，快乐的日子将会来临。心儿永远向往着未来，现在却常是忧郁。一切都是瞬息，一切都将会过去，而那过去了的，就会成为亲切的怀恋。"

就算星星和太阳永不交会，但它们高挂在同一个蓝天上，一个白天，一个黑夜，虽不能彼此拥有，但有你的那片天空便是一季一季的芬芳，一缕一缕的月光，白也沉醉，黑也怡然。

情愿做一尾鱼，游弋在时光的波涛中。不管是暗礁凶险，还是浊浪滔天，只管深呼吸，潜下去，才能浮上来。也许一个猛浪会把我打上岸，搁浅在日光里，但是深海中的鱼是不怕浪花的，就像勇敢的船夫都是在海浪中搏击的！

我们总想给爱情装上一个套子，让它稳固如山。殊不知，爱情可以似水流年，却非如山石不变更，它的鲜在于它的变，停在原地等爱情，等来的只是一声落寞的长叹。爱情恰如一个奇妙的大迷宫，万千条路错综复杂，然而出口只有一个，选对了路才能胜利抵达。

爱与爱才能擦出火花，照亮心头。爱与不爱是失衡的天平，是冷却后的火山，是暗夜里的孤灯，断无琴瑟的和谐，鸾凤的和鸣。人散后，一钩新月凉如水。别再对不爱自己的人执迷不悟。此岸和彼岸，过去与现在，没有仇恨和遗忘，本应该自由穿梭，从容面对，所拥有着的只是鱼对水的真情。

深海中的一条鱼，以身体作舟，信念为桨，意志当帆，划过低徊怅惘的迷途，划过嘲笑失意的黑夜，划过自卑丑陋的昨天，划出无悔的岁月回首，泅渡得到人生的真经。

雷声滚滚而来。此刻时光的浪涛里正有一条勇敢的小鱼儿，穿越重重险阻，冲向最前方，远行如客……

第三辑
云上轻歌

青春的风跑过四季

月亮下面,我数到了十六颗亮星。"这里面,总有一颗是属于你的幸运星。"男生拉过我的手塞进他的棉大衣里让我取暖。四目相对,我才发现他的眼睛明亮得就像那天上的星,里面仿佛有一潭深不可测的东西正在慢慢融化。

烟花明灭可见,灿烂转瞬即逝。红红绿绿的美丽,有如花开花又谢。"你是一树一树的花开,是燕在梁间呢喃。你是爱,是暖,是希望,你是人间的四月天!"清风吹拂着耳边的长发,青春的歌声在校园的操场上飘荡。尽管有阳光有风雨,可是明媚的日子还是像日记里的甜蜜回味,一点都不曾少。

运动场上,男生迈动长而有力的双腿向前冲,突然他大喊了一声我的名字,全场沸腾。我故作镇静地坐在那里,目光却不由自主地在人群中寻找着那个桀骜不驯的身影。男生停下来,望向我,隔着那么远,我依然能感觉出他身上散发着春天的气息。

阳光穿透树缝洒下来,跳跃着,有如明晃晃的银圈。坐在他的单车上,伏在他后背上,车子一路飞驰着跑过大街小巷。他会从兜里掏出一个杏子,在衣上擦一擦,递给我。他也掏出一个来吃。微涩的味道在唇齿间蔓延,

鸟儿欢叫着从头上掠过，桥下的水活泼泼地流着。

我喜欢低头哼唱《白桦林》。他扭头问我，在唱什么。我说没唱什么。他吹起了这首歌的哨子，哨音清脆婉转，迷茫又忧伤。我们谁都不再说话，偶尔林子里传来一两声不知名的鸟的哀啼，凄凉无比。

夏季的风淡淡而清凉。他站在小路边等我，告诉我他要去另一个城市工作。那晚的星光像蒙了一层纱，朦朦胧胧，若隐若现。他将一台陪伴他多年的收音机送给我，里面还有一盒他录制的《白桦林》的磁带。刹那间胸口涌起风筝飞了的感觉，那么鲜明清晰，空荡荡的毫无办法。

于是开始了两地书信。一枚枚邮票像年轻的两颗心，摸着它，会随着穿梭时空。周六晚上的电话总是让人等得那么久。传达室的电话只有一部，然后再转到宿舍。那一次瘦高的男生一连打了九个电话都不能打通，还是不忍心放弃，第十次终于拨通了。听到彼此熟悉的声音，眼里禁不住泪花闪闪。

相见的日子总是短暂，怀念的日子总是太长。距离越来越远，无法追回逝去的列车。站台像一个圆，走出去，便拉长了回忆。

梦里想来，眼前兀然站立着一个熟悉的人，还是那样走路一跩一跩的，还是那般消瘦俊朗，还是那时眼眸似水。只是伸出手去，触到一片冰凉。有些花挪了地方就会死去，就像我们的爱情，枯了，谢了，在秋叶飘零的晚秋。

不是不爱，而是不可以。"人世几回伤往事，山形依旧枕寒流。"世界上最遥远的距离，不是天涯海角，而是归去的路。

雪花飞舞，如凄美的蝴蝶。蝴蝶飞不过沧海，最美的时刻也是最终的归宿。然而，这份美好可以跨越岁月沧桑，历久弥新。

"青春的花开花谢，让我疲惫却不后悔。轻轻的风轻轻的梦，轻轻的晨晨昏昏。"每当哼起这首歌来，眼前都会浮现出一个奔跑矫健的身影，他如风一般在我的四季里走过，渐渐变成云端的紫燕。

第三辑
云上轻歌

手掌轻扬：云在上

（一）

冬日的午后，阳光穿透云层洒播下来，身上有慵懒的倦意。母亲催促道："趁着天暖和，早点儿回去，省得天黑挨冻。"

我给一个熟识的三轮车车主打电话，麻烦他过来接我一趟。他不好意思地告诉我，今天不能来了，他帮我找一位车主。我答应着，并按他的嘱咐准备到门口去迎候。

没多久，我就见一辆电动三轮跑过来。

我带着母亲装好的大包小包上了车，刚坐下来，女车主突然回过头来问："你是不是马俊茹？"我一惊忙问："对呀，我怎么记不清你是谁？"她一脸微笑地望着我，可是我还是没有从那张脸上捕捉到丝毫线索。见我茫然，她"扑哧"笑出声来，手把一拧便启动了车子，车子立刻发着不友好的"吱吱"声行驶在乡间小路上。

她说出了她的名字，我"哎呀"一声，拍她的后背，我俩都大笑起来。对她，我曾经是那样熟悉。我记得她父亲的名字，她父亲和我父亲是工友。他们都有一对招牌式的眉毛：眉角处凝成两个小揪，高高上扬。我忍不住

阳光轻抚，
梦想萌芽

问她:"怎么不见了你的两个小揪揪？"她爽朗地笑着说:"眉毛被我修了。"一路上，我们说说笑笑，二十多年的时光似乎变成了一条清浅的河流，我们一抬脚不经意间就迈过来了。村边的小河已经结了厚厚的冰，岸边的芦苇扬着灰白的穗子在风中摇摆。不远处，那所小学堂还在，红砖青瓦，像我们熟悉的教科书。

谁知，半路上车子突然"嘎吱"一声不走了。任凭她怎么努力，车子都不动。她下车查看了一下，抱歉地告诉我车子坏了，叫我在车里等着，她马上叫一个人来接我。

安排妥当之后，她也坐上来，我俩互相望着，忍不住为这份奇遇叫好。她如当年一样活泼:"路是自己走出来的。选择了哪条路，就要用心踩出脚印来。靠自己挣钱，活得踏实自在。"我也被她的幽默健谈感染了，情不自禁地望向天边，那里，有一大团棉花似的云朵在轻轻飘移，"南北各万里，有云心更闲"。

（二）

今年十一的时候，一位同事的丈夫因脑干大面积出血抢救无效去世了。她丈夫生前对她体贴入微，以致她连煮粥都不会。这一刻她就像一个被摆置在荒原的孤独的羊，完全失去了依靠。四十多岁的人了，一切都要从头开始。

本以为她动不动就会以泪洗面，从此陷入黑暗的深渊。谁知，她搬去和年迈的公婆住在一起，静心照顾失子之痛的两位老人，一位八十二岁，小脑萎缩;一位七十八岁，身体多病。她陪伴着他们，看电视，散步，好像丈夫只是出远门了。

有很多人劝她去丈夫单位的领导处大哭大闹，为的是给女儿讨一份工作。她不去，只是淡淡地回复：再说，再说。众人背后笑话她傻了，精神不正常。这种事不都是"一哭二闹三上吊"讨来的吗？

第三辑
云上轻歌

有一次，我到她办公室取东西，正赶上她接到丈夫单位打来的电话，让她去取丈夫的医疗保险和住房公积金。她顿时泪流满面，嘴里不停地喃喃着："知道了，知道了。"我默默地把毛巾递给她，她一边擦着泪水一边拿笔记下对方要求带的相关手续材料。放下电话，她握住我的手连声说谢谢，并且拿出《圣经》来，颤抖着声音给我读上面的十诫。她泪眼婆娑地望着我说："我相信你姐夫还活着，天天晚上我都梦到他。我把他陪伴我的这20多年的生活记下来给你看。"又一个可叹的二十多年，光阴果真是世间最高超的魔术师，他总是变换了生活的各种模样给你看。

我看了她写的两篇日记，她从儿时记忆写起，她说：胖子，你还记得你下课的时候递给我一块橡皮泥，我捏在手里，你躲到一边"咪咪"地笑，眼神调皮又可爱，你告诉我那是你用鼻涕捏的。我鼓舞她："你写吧，我天天来看。"她抬起纯真的大眼睛孩子似的点点头。

她真美，美得如同一抹朝云。世俗的尘埃在那双眼睛里荡涤无踪迹。不知怎的，我想起了蔡琴唱了八万多遍的那首经典歌曲，"像一阵细雨洒落我心底，那感觉如此神秘。我不禁抬起头，看着你，而你并不露痕迹"。

窗外的草木瑟瑟，冬天毕竟是一个漫长的考验。然而冬的风骨也由此呈现。即使世界以千倍的痛苦来袭击，心灵也应该握紧拳头来迎击。"不是一切大树，都被暴风折断；不是一切种子，都找不到生根的土壤；不是一切真情，都流失在人心的沙漠里；不是一切梦想，都甘愿折掉翅膀。不，不是一切，都像你说的那样！"

清风相引去更远，皎洁孤高奈尔何。抬头是天，脚下是路。挥一挥衣袖，浩荡乘风。

耳边依稀飘来熟悉的许巍的歌声："倾听飞鸟的歌唱，心随大海的节奏起舞……"

无论何时。

阳光轻抚，
梦想萌芽

留一份馨香给自己

她每天需要分割出无数的时间，照顾老人、男人、孩子，料理家务，去做一份虽说微薄但尚可贴补家用的工作。四十多岁的女人忙碌得像一阵风。

只有到了黄昏，她的脚步才能渐渐慢下来，才有了目光与窗外的景物一一对视交流的机会。尤其值得称道的是，她可以对着光盘，练上个把钟头的瑜伽来舒活舒活筋骨。

黄昏，如一朵迟开的睡莲，缓缓地绽放在她的心扉。

优美轻柔的音乐如云雾般弥漫在房间里，她跟着光盘里的瑜伽视频教程开始舒展自己。均匀地呼吸，平稳地屈伸，什么都不想，心也慢慢地静下来。她觉得自己像花叶上的一滴露珠，闪着晶莹的光；像夕阳下平静行驶的一叶小舟，满载着祥和；像山涧流淌的一缕清泉，绵绵长长。她像一只蝴蝶，一个为自己而醉的舞者，在那一瞬间尽情释放……

是的，她看到了自己的美丽，听到了自己胸腔内有节奏的摆动，更听到了花开的声音。

生活是一个舞台，她在自己的舞台上独舞。

恍惚间，她似乎又回到了那个遥远的小乡村。暮色低垂，炊烟四起。放学的钟声响起，她背着母亲缝的小花书包，踩着自己的影子跑回家。母亲坐在灶膛前烧柴，跳动的火光映着她慈爱而安详的脸。只轻轻一唤，母亲就会送给她一个温暖的笑脸。父亲总是骑着一辆旧自行车，伴着一两声清脆的车铃回家。夕阳下他的脸红彤彤的，浑身披着金色，仿佛刚从画里走下来的神仙一样，浑身沾染了喜气。漫长的一天就在牛羊此起彼伏的应和声里渐渐隐去了。

　　整日辛苦劳作的父母，淳朴憨厚的乡亲，一片片的庄稼，成群的云块。这一切，都在她的脑海间翻腾，起落，交织成一幅幅世间动人的画面，珍藏在她记忆的小屋。

　　时光真像一片海潮，褪去了大部分的浮华碎片，沉淀下几颗最璀璨的珍珠，点缀在生命的贝壳里。

　　如今，她也到了当年母亲的这般年龄。和母亲一样，她也负担起上下两代人的生活，成了开垦大山深处的一张犁，化作咀嚼出生活内核的一枚橄榄。她早已没有了怨言，生活是一面镜子，你哭它也哭，你笑它也笑。空白的人生有什么意思呢？

　　她始终微笑着忙着手里的活。刷洗干净孩子要穿的球鞋，缝系好男人衣袖间的一颗纽扣，备好老人常吃的药物。孩子养的小鱼该换水了，她要小心地注入新水；家里的水表坏了，她要找人来修；老人喜欢的一盆盆花不水灵了，她要买来花土一盆盆换好……她总是忙着的。忙着是快乐的，忙着也是充实的，忙着更是幸福的。

　　老人上下楼不方便，她合计着贷款为老人买个楼层低些的房子，以便老人每天都能够轻松地出去晒太阳。孩子长这么大还没出去旅游过，上初中前一定带他出去转转，给他一个难忘的童年。男人一直想要一个性能好些的照相机，等这次补发了工资就满足他。至于自己嘛，每天能够在黄昏时练练瑜伽，就已经是一种享受了。她闭上眼，长长地舒了一口气。

　　一曲瑜伽，渐渐终止。女人像沐浴了灵魂洗礼的圣女一般周身散发着

阳光轻抚，梦想萌芽

沉静而美丽的气息。她如合拢了的白莲花一般将世俗摒弃于心灵之外。俯仰、起合、提升、收放之间，它带她走完了一个女人从凡俗琐碎走向平和淡定的心路历程。多么美丽的黄昏啊，你弹奏着的是一曲心灵的圣歌。每个女人心中都住着一个佛，那就是自己。给自己一份馨香，那便是皈依的福祉。

天地间正飘飞着一团团轻柔的杨絮，好像落了雪。一切似乎都被遮住了，世界静悄悄的。只有梦在朦胧间起舞飞扬……

第三辑
云上轻歌

远行如客

这个春天来得有些晚了。

四月中旬,校园里的白玉兰才姗姗绽放。单薄的花瓣,在微风里荡漾,像素裙下掩藏不住的一个微笑。花开不见叶,满树的繁花,耀眼的洁白,如一团团轻云,一朵朵棉絮,一片片雪花,高傲而自矜,兀自在世俗里飘摇。吐气如兰,只有兰心蕙质的女子才可以做到吧?"心若菩提树,心如明镜台。"望着望着,让人觉得自己的心也似乎被清泉水洗过一般的不染尘埃。其实,每个人都是一朵独特的花,拥有着属于自己的芬芳。尘世里,需要的只是你的坚持自我,找准自己的位置。

在北方,最先预示季节更新的物象,莫过于地上的小草、路边的柳、初绽的迎春花了。草芽嫩嫩的、尖尖的,像孩子信手涂鸦在画布上的一条小道道,也像是伶俐的雀舌,顽皮地探出一点点星光来。待到垂柳着装,枝条点玉般裁出鹅黄的新芽时,春风已在枝头徘徊许久了。岸边匍匐着的如纽扣般大小的迎春花,娇羞不胜,绮丽如梦,便勾起那温柔的回忆,暖暖的在心底里掀起层层涟漪来。

这季节,万物更新,各种景物都在不知不觉中悄然变化着新衣。候鸟已经归来,唧唧啾啾在丽日晴空下唱着婉转的歌,似在倾诉久别的温情。

阳光轻抚，梦想萌芽

漂亮的白头翁偶尔会站在高高的楼层上，对城市人间做一个巡视。每次看到它，我都会情不自禁地想起刘希夷的那首《代悲白头翁》里的两句诗："年年岁岁花相似，岁岁年年人不同。"默默吟诵，内心安详。唯愿珍惜。

这时，布谷鸟的叫声也会破空而来。"布谷，布谷。"布谷鸟就是杜鹃鸟。杜鹃高歌之时，正是杜鹃花盛开之际。"杜鹃花与鸟，怨艳两何赊。疑是口中血，滴成枝上花。"传说早已老了，可农人对它的准确无误的报时令的叫声的熟悉仍旧像熟悉自己的生物钟一样。陆游也有诗曰："时令过清明，朝朝布谷鸣，但令春促驾，那为国催耕。红紫花枝尽，青黄麦穗成。从今可无谓，倾耳舜弦声。"言为心声，从鸟的叫声中，不同的人可以听出丰富不同的语言。"布谷布谷！""割谷割谷！""不如归去！"

在乡下，田野里，沟畔旁，此时正是野菜葱茏的时候。一场雨过后，各种野菜水灵灵、清亮亮的，像刚出浴的女子，妩媚极了。叶片相对肥硕圆润的苦妈子，细长狭窄的蒲公英，片片锯齿相对的荠菜，挖出来，回家开水烫一下，便可以蘸酱吃了。一缕缕的清香在唇齿间弥漫，那种浓浓的乡情便丝丝缕缕缠绕在了心间。市场上各种野菜齐上阵的时候，我常常迈不开步子，目光在它们的身上一一抚摸，仿佛眼前又出现了那个在乡间奔跑的孩子。乡里出来的孩子又何尝不和它们一样？走出来后虽然跻身于城市里，被贴上了各式各样的标签，可是他知道真正滋养自己的根永远在那个偏僻落后的小村庄里。

春天多像一个信使，不辞辛劳地唤醒所有沉睡的灵魂。花仙子们纷至沓来，纷纷邮寄来各种请柬。樱花呀，油菜花呀，梨花呀，杏花，桃花……一场场，一片片，花如海，人如醉。"赏花归去马如飞，去马如飞酒力微。酒力微醒时已暮，醒时已暮赏花归。"十里桃花不是梦，醉倒的也不单单一个苏轼（笔者注：据称此诗是苏轼所作，非李白）。春风浩荡里，你来，我来，相约在春天。

第三辑
云上轻歌

  如果人心似海，装下的就不仅仅是一己悲欢了，春天是仁爱者的品质。清风中，空气里飘散着淡淡的花香。闭上眼，仿佛置身于那个桃花岛上，像那个风雅的唐寅一样，枕着百花入梦，摆渡到自己的精神桃源。

  梦想照亮生活。"从明天起，做一个幸福的人，喂马、劈柴、周游世界。"海子幽幽地说。然而他终没有寻到。春天虽晚，可它毕竟还是来了。

  最美不过四月天。还等什么呢？踏一米灿烂的阳光，远行如客，去赶赴一场春天的盛宴吧！

雨

这也许是春天的最后一场雨了。还有三天就立夏了。

它铆足了劲儿,要痛快淋漓地来一场告别宴,这个春天太窝囊了,太不争气了。

空气终于清新了起来,叫人忍不住贪婪地呼吸。有多久没有这样畅快地呼吸了?尘世的各种声音都没了,没了汽笛声,没了喧嚣声,只有大自然发出的各种音响。雨敲击在窗沿上,石板上,甚至是鸟儿的羽毛上,一两声惊呼,三两滴雨声,交织在一起,似低诉,似囔囔。雨在欢呼,雨在欢笑,呵呵,我终于来了,让你们久等了!

人声褪去,大自然露出了它本来的面貌。鸟儿在雨中唱歌,像是孩童跟着音乐老师的风琴在笨拙地学唱。雨滴挂在哪里都像风中的露珠一样,晶莹剔透。树叶绿得发亮,在风中轻轻摇曳,也像是刚刚沐浴了一般,浑身透着精气神。砖石小路上,清亮亮的一汪水,里面纷纷落进无数细密的雨丝,立刻争抢着溅起一朵朵浪花。

有多久没在雨中嬉戏了?

在乡下,下雨的时候就像是孩子们的节日,有着说不出的快乐。女人们难得不用去田间劳作,她们守在屋里准备着,这下终于有了大把的时间可以做一些平时难得一做的饭食了。孩子们像是约好了，跳着脚跑出来，三五成群，散在院子里，有的撑着小伞，有的顶着雨披，有的戴着斗笠，还有的索性光着小脑瓜儿小猴子似的在雨里钻来钻去。这时候，任大人们的喊声淹没，也没有人再去理会，大人呢，不过是嗔怪几句也就随他去了。当空中飘出香味的时候，也是孩子们该回家吃饭的时候了。一声欢呼四散着飞走，世界一下子又安静下来，只听到雨声潇潇。

  雨是美的，美在朦胧中，像少女秘而不宣的心事。姑娘们聚在一起，手里拿着刺绣，含笑说着悄悄话，脸颊上不时飞上一抹云霞，惹得一旁的大花狗都看呆了。

  老爷爷抽着旱烟，盘腿坐在炕上，望着窗外自言自语：这场雨来得是时候，麦子正拔节呢。他吧唧两口烟，白色的烟雾像一阵风似的飘散在周围，他就像神话里的白胡子老爷爷。

  这样的雨虽然会带来些泥泞，可是对乡下人来说是好事，呼呼睡懒觉也是理所应当的事情了。谁会去恼它呢？乡下的静永远像一幅画：村落、炊烟、细雨、耕牛、大树，再没有比它更有诗意的画卷了。

  天是灰的，心却是晴的。

  在城里，雨是停止聒噪的集结号，是喊停匆忙脚步的哨音。一切都慢下来了。听得见时钟的嘀嗒，听得见燕子的呢喃，听得见雨声簌簌，也听得见心底的愿望。"少年听雨歌楼上，红烛昏罗帐。壮年听雨客舟中，江阔云低，断雁叫西风。而今听雨僧庐下，鬓已星星也。悲欢离合总无情，一任阶前，点滴到天明。"吟咏着蒋捷的小令，望着窗前的滴答，任心绪像风吹皱的湖水掀起层层涟漪。又一位诗人走了，耳畔似乎还回响着他昨日的呼唤："我不去想，是否能够成功，既然选择了远方，便只顾风雨兼程。我不去想，是否赢得爱情，既然钟情于玫瑰，就勇敢地吐露真诚。我不去想，身后会不会袭来寒风冷雨，既然目标是地平线，留给世界的只能是背影。

阳光轻抚，
梦想萌芽

我不去想，未来是平坦还是泥泞，只要热爱生命，一切，都在意料之中。""当我们走向枝繁叶茂的五月，青春就不再是一个谜……"诗篇还在，他只是一个人去远行。心静了，喧嚣便自然遁去。

慢慢走，欣赏呵。停下来，处处皆景致，人人皆诗人。雨中的泡桐，淡紫色的花瓣落满地，曾经的繁华如过眼云烟，生命终归是一场寂寞的旅行。只有归去，没有返程。人就像一棵树，纵使风光不再，依然有风骨留下，傲然春秋。槐花开得正灿烂。不用去炫耀刹那的芬芳，不用去嘲笑别人的黯淡，你有你的清香，她有她的艳丽，生命本就有不一样的色彩。要做的，只是活在当下，活出精彩。

雨声越来越密，歪歪斜斜的雨线也像是排列的诗行，书写着簇新的理想，古莲的胚芽，绯红的黎明。细雨如烟，如梦，如歌。漫步在细雨中，不知谁家窗口飘出那首经典的《蓝莲花》："没有什么能够阻挡你对自由的向往，天马行空的生涯，你的心了无牵挂……"吹拂内心的浮尘，让它自在飞翔。

在雨中，我们找到那个丢失的自己。不管生命的雨季有多长，只要你仍在执着的路上，所有的丈量都会有印迹，所有的滴答都会有韵味。

在琴键上飞的少年

"这次学校组织去春游,需要交费九十元。如果谁有特殊情况不想去的话,下课可以跟我说。"班主任老师说完,特意向王小乐投去了意味深长的一瞥。

可在第二天放学前,班长还是把钱如数收上来交给了班主任老师,并没有一个人去找老师。夕阳渐渐沉下去,天边涂抹着一层不太均匀的铅灰色。墙角边的一棵龙爪槐依旧毫无生气地伫立着。

班主任老师的目光收回,重新落到桌子上摊开的一摞作文本上,她轻轻地从里面抽出了王小乐的作文本。整洁的稿纸上,书写着一行行清秀飘逸的字。老师的手颤抖了,她的眼里一片湿润,她叹息着:这孩子,唉……

这天放学,王小乐像往常一样背着书包高高兴兴地往回走。

在小区的市场上流动着熙熙攘攘各种打扮的人。无数的声音交织在一起,仿佛奏响了一曲交响乐。王小乐在一个小摊位前停下来,放下了书包,冲着一位脸色憔悴的女人说了一句:妈,我回来了。女人顾不上看孩子一眼,只顾忙着照看越来越多的顾客。

王小乐开始帮着妈妈收钱找钱。他脑子快,手脚麻利,算起账来不费吹灰之力,很快就赢来周围的一片赞扬声。妈妈的脸上也浮现出了一天里

阳光轻抚，
梦想萌芽

难得的欣慰之色。

"这市场我转了两圈了，还数你的生菜水灵些。"一位老大妈皱着眉头挑剔地拣着菜说。"大妈，你放心吃吧，我这菜都是赶早儿上来的。"女人憨厚地笑笑说。老大妈仔细地检查着手里的每一棵生菜，毫不犹豫地一把扯下包在外面的叶片。王小乐默不作声地望着从她手里不断飞出来的那些菜叶，那些菜叶仿佛变成了一把把锋利的小刀在无情地削着他的肉。妈妈每天凌晨就蹬着三轮车去上货，来回几十里地，还要运回上百斤的菜。每一棵菜好像是她的孩子一样，得到过她无数次的抚摸。妈妈才四十出头，可和同学的妈妈比起来像老了十岁。自从爸爸得肝癌去世后，妈妈似乎老得更快了。王小乐一阵心酸，无比心疼地看看妈妈，妈妈依然笑呵呵地忙碌着。

不多时，小摊前就围拢了一些人。母子二人忙得不亦乐乎。就在王小乐刚刚找完了一个顾客的零钱抬起头的一刹那，他突然发现一只大手伸进了老大妈的手提袋里。"住手！"他大喊一声，一双黑亮的眸子里射出了两团怒火，他的目光像钉子一样钉在那个挤在老大妈身边的小青年身上。老大妈闻声急忙把手提袋举起来护在了胸前。等妈妈给她称好了菜后，她满意地走了。

小青年站着没动，一脸狞笑地望着王小乐。他抓起一大堆菜装进了塑料袋，随手又向王小乐脸上丢去一个大青椒，咬牙切齿道："我叫你多管闲事，这回叫你吃不了兜着走。小瘸子，老子就是没钱，管得着吗？呸！"他轻蔑地吐口唾沫，然后扬长而去。

妈妈死死拽住铁青着脸的王小乐的胳膊，两人都沉默着什么也没说。

夜色很快如一张无形的大网罩住了整个城市。街上的灯火迷离闪烁着，仿佛看穿了鬼把戏的一双双嘲笑的眼睛。

人渐渐稀少了，喧闹一天的市场终于安静下来，街道一下子显得空荡

荡的。母子收拾好东西，回家了。

"妈妈，这次春游去的地方其实我以前去过了。"王小乐低声地说。"哦？"妈妈不解地问。

"妈妈，爸爸曾经带我去爬过那座山。可是我还想去看一看。看到那座山，就像……就像看到了爸爸。"王小乐扬起脸来，眨着眼睛拼命克制住了要溢出的眼泪。他一直记得爸爸最后一次带他爬山的情景，还有登上山顶时爸爸摸着他的头对他说过的话。

"妈妈，你知道吗？我想悄悄地告诉爸爸，请他放心，我们活得好好的。我永远都会记着他的话，快乐幸福地活着。"

王小乐说完便加快了脚步，他的两个脚尖飞快地触摸着大地，起落之间仿佛跳动在琴键上的飞跃灵动着的指尖。叮叮咚咚，一串串婉转悠扬的音符正随之飘泻出来。

妈妈含泪深情地注视着自己的儿子，情不自禁脸上露出了一抹灿烂的微笑。儿子先天残疾，走路只能靠两个脚尖着地。可是他就像他爸爸所希望的那样，坚实地行走并快乐地成长着。

那个把大地当琴键的少年，正踩着生活的乐音，高昂着头，飞奔在晚风中……

阳光轻抚，
梦想萌芽

那些光辉灿烂的词人

下雨的夜晚，手捧一卷词，慢慢忘了尘俗。

南唐后主，一代词宗。虽然他在政治上庸弩无能，但是他的艺术才华卓绝非凡。他工书法，善绘画，精音律，诗和文均有一定造诣，尤以词的成就最高，他被誉为"千古词帝"。

"帘外雨潺潺，春意阑珊。罗衾不耐五更寒。梦里不知身是客，一晌贪欢。独自莫凭栏，无限江山，别时容易见时难。流水落花春去也，天上人间。"

写下这首词的时候，他离去世也不远了。满纸的哀伤，满腹的离愁。万古江山不复，李后主的词却开了一片山河。轻轻吟诵，仿佛每一个字都化作了滴滴血泪，敲打在案卷上，伴着沧桑。"多少恨，昨夜梦魂中。还似旧时游上苑，车如流水马如龙。花月正春风。"果真是天上人间，他的脆弱更胜凡人。

世间的绝美总是撕碎了给人看，像黛玉葬花，花落人亡两不知。"林花谢了春红，太匆匆。无奈朝来寒雨晚来风。胭脂泪，相留醉，几时重。自是人生长恨水长东。"默默吟哦"剪不断，理还乱，是离愁，别是一般滋味在心头"，"问君能有几多愁，恰似一江春水向东流"这些词句时，夜静如水，静得好像能听见自己的心在轻轻地悸动。是的，"繁华事散逐香尘，流水无情草自春"。有多少时候，命运像手中的一把流沙，无从把握？

还有那个"夕阳无限好，只是近黄昏"的李商隐，我喜欢他的《锦瑟》："锦瑟无端五十弦，一弦一柱思华年。庄生晓梦迷蝴蝶，望帝春心托杜鹃。沧海月明珠有泪，蓝田日暖玉生烟。此情可待成追忆，只是当时已惘然。"觉得字字珠玑，读来令人齿颊生香。

总觉得词的风流婉约更适合女子。婉约词宗主非李易安莫属。她的词"不徒俯视巾帼，直欲压倒须眉"，她被称为"宋代最伟大的一位女词人，也是中国文学史上最伟大的一位女词人"，有"千古第一才女"之美誉。

"寻寻觅觅，冷冷清清，凄凄惨惨戚戚。乍暖还寒时候，最难将息。三杯两盏淡酒，怎敌他、晚来风急？雁过也，正伤心，却是旧时相识。

满地黄花堆积。憔悴损，如今有谁堪摘？守着窗儿，独自怎生得黑？梧桐更兼细雨，到黄昏、点点滴滴。这次第，怎一个愁字了得！"

"寻寻觅觅，冷冷清清，凄凄惨惨戚戚""点点滴滴"，叠字精妙到无法可想，唯有吟哦而已。以奇横字浅俗语，写尽万种情思。

"红藕香残玉簟秋。轻解罗裳，独上兰舟。云中谁寄锦书来？雁字回时，月满西楼。

花自飘零水自流。一种相思，两处闲愁。此情无计可消除，才下眉头，却上心头。"

这首词后人谱了曲，起名《月满西楼》，语调轻缓悠扬，唱起来愁肠百转，道不尽的相思情意。还有那阕《凤凰台上忆吹箫》也将离愁别绪写得淋漓尽致。

"香冷金猊，被翻红浪，起来慵自梳头。任宝奁尘满，日上帘钩。生怕离怀别苦，多少事、欲说还休。新来瘦，非干病酒，不是悲秋。

休休！这回去也，千万遍《阳关》，也则难留。念武陵人远，烟锁秦楼。惟有楼前流水，应念我、终日凝眸。凝眸处，从今又添，一段新愁。"

阳光轻抚，
梦想萌芽

  雨声如诉。它像是陆游在深情地读着"红酥手，黄滕酒，满城春色宫墙柳"，像是辛弃疾朗声高诵"休去倚危栏，斜阳正在，烟柳断肠处"，像是东坡举首"大江东去，浪淘尽，千古风流人物"，又像是他在低吟"人生到处知何似，应似飞鸿踏雪泥"。

  在纳兰的词中长叹一声："人生若只如初见，何事秋风悲画扇。"缥缥缈缈中，不觉传来袅袅鸡鸣。他们宛然如雾弥漫在秋水边。

  天已破晓。

第三辑
云上轻歌

清晨飘荡的歌声

昨晚有些累睡下得早,清晨醒来,坐在窗前看报,突然听到窗外传来一阵啁啾。它时缓时急,时轻时重,像庄严的布道,又似天籁歌声。我不由得静静地谛听。

一会儿是南窗飘来燕子婉转的叫声,这些归来的故人终于在高楼大厦之间寻觅到昨日的爱巢,又衔泥高筑,以期早早孵育幼雏。一下一下地扇动起翅膀,一棵草一棵草地衔来,一口一口地来喂养,黑色的羽翼里包裹着一颗多么敏感而细腻的心啊!一年一年,春天里归来,秋天里回去,几万里的征途满载着喜怒哀愁,这些充满灵性的小生灵,晨曦里你们在诉说着什么呢?

几声嘹亮的喜鹊声响彻了云霄。这些北国的候鸟,就像是熟识多年的老朋友了,时不时就会见上一面,话话家常,聊聊近况。纵使它们有着漂亮而优美的外形,然而也终归因长久的熟悉而遗忘在淡漠中了。我注意到一只了不起的黑白相间的花喜鹊,只见它在草丛里寻到了一截一尺多长的小枯木枝,努力地试了几次决定要把它带走。几番折腾,它终于衔起了那截小木枝,腾空一跃飞上了车棚,稍做歇息,又飞上了楼顶,我目送着它从这儿到那儿不停地寻找着落脚点,最后它飞上了大白杨的树梢。我相信,

阳光轻抚，
梦想萌芽

早晚会有那么一个巢屹立在那里，风雨不动。它是北方的一双深情的眼睛，长久地凝望着这块土地，望着忙碌的人群，带着忧伤与期望。

它们的叫声像耳边听惯了的母亲的唠叨。"喳喳喳"，虽有些吵却满带着温馨与甜蜜。它们带来的一准是好消息。这些北方的信使，总是第一时间洞悉世间的喜讯，又耐不住性子，扯开大嗓门便发布信息。老舍的《抬头见喜》里要是听到一两声喜鹊的叫声该会增添两分温暖的色调吧？这些北国的歌手，嘹亮的歌声像挡不住闸门的洪水，一泻千里。音符单调而高亢，像乡下人遇到喜事时掩饰不住的喜悦之情，说起话来音也抬高了八度。

索性原谅了它们大清早的聒噪吧。谁让它们总是这般不离不弃地守候在我们身边呢？多情总被无情恼，理解它们的热心与热情吧。

加入这歌唱队伍的还有不知从哪儿飞来的白头翁。可别小看这些点缀了一撮儿白毛的"小老头儿"，唱起歌来可毫不逊色。顶数它们的叫声最是婉转动听。比起它们的嗓音来，麻雀的歌声显得小气了，喜鹊的又太直白了，燕子的略像低语，画眉的有点儿傻瓜似的重复，只有它们，饱经风霜，歌声里带了那么一丝悠长的味道，像长者对着麦田而唱出的悠长的歌声，像历经岁月沉淀的歌者忘情地倾诉，像一对歌手旁若无人的真情演绎。我听得痴了，却看不出它们在哪儿。但愿它们的歌声能够在这里常驻。单是它们的名字就让我浮想联翩，想起那首很有名的唐代大诗人刘希夷的《代悲白头翁》里的句子："年年岁岁花相似，岁岁年年人不同。"莫辜负了这好时光。慢慢走，欣赏呵。

此时还有许多不知名的鸟叫声破空而来，如孩子似的叽喳，如情侣似的呢喃，如白发翁媪般的絮絮，一时之间，时光仿佛凝固住了，只听得这鸟叫声，这自然的声音如音乐流水般轻轻笼罩周身，让人忘了尘世。"山际见来烟，竹中窥落日。鸟向檐上飞，云从窗里出。"南朝梁吴均的这首五言诗如清水洗尘，留给后人的只有吟咏，只有空山闻鸟语的清澈。这位

向往归隐的淡泊的才子,终归是化作了一只自由飞翔的鸟,去追寻他的"风烟俱净,天山共色。从流飘荡,任意东西"去了。

天渐渐放明,鸟声依稀褪去,那些飘荡过的歌声像桥上的薄雾隐隐约约消失得无迹可寻。

白日里这些鸟叫声都哪儿去了?阳光一点一点儿洒落下来,我的心湖也顿时澄澈了。

是的,当耳朵里灌满了各种喧嚣,当眼睛追逐于名利的浪尖,当脚步跋涉于物欲的泥淖,心灵也被蒙上了一层尘埃,屏蔽了自然的鸟语花香。有人说,过快乐的生活,从放弃与拒绝开始。其实,过快乐的生活,从学会选择开始。

我与鸟儿有个约定,明天清晨还要起来闻厮语。

阳光轻抚，
梦想萌芽

那些朦胧的情事

风轻轻，云飘飘。所有的花儿开了，又都谢了。秋一步一步地走来了。

这次父亲突然提到他："每回碰上我，他都会停下车。"父亲的无意却让我的心一动，这么多年了，虽然他不曾远离，可是我们竟再没见过面，停留在我脑海中的他还是当初少年时的模样。

我们小学、初中一直是前后桌。无论是我坐在前面，还是他在前面，只要下意识地一回头，一定会双目相遇，似乎交流了所有的话，然后慢慢地回过头去。那时候，总感觉世间最美的语言都抵不上四目相对的瞬间。他的眼神痴痴地，像贾宝玉。那时的他完全不像老师口中那个反应极快的数学天才。

和他坐在一起的还有一个清秀的男生，字写得像极了他的人，潇洒飘逸。女生们背后都叫他"冷面小生"，都喜欢围着他转，因为他的模样很像《蓝色生死恋》里的男主角俊熙。他们两个都是数学老师挂在嘴上的好学生。多难的题也难不倒他俩。快毕业了，常常考试。每次考完他俩都会转过头来和我对答案。

可是，欢乐总是很短暂。不快像阴云笼罩了少年的心。

一次，一个比我大几岁的降班女生向我诉苦："你看冷面小生给我判的卷子。"说着，她的大眼睛里流出了委屈的泪水。试卷上面是一些触目惊心的大杠子。"怎么这样？对的也给判错了？"我很疑惑地拿着试卷问他。可他不以为然，得意地说："她会什么？留级生。我闭着眼也能比她答得好。""你太过分了。"我气愤地将试卷摔给他，从此不再理他！

我们的三人小组结束了，我们的三人讨论也告终了，我们的目光再也碰不到一起了。虽然我注意到他脸上常常露出愧疚之色，可是我不能原谅他对同学的无礼。我觉得他太冷酷了，就像他的人一样，没有妈的孩子，没有人情味，像狼。

而和另一个，我们还和以前一样。我写完了的诗，他会心有灵犀地拿过去读，然后在旁边批注两个字：芬芳。就这样在他的鼓励下，我涂抹了许多诗，他都一一读了，并且给它们起了一个芬芳的名字：《蓓蕾诗集》。别看我们在学校里情投意合，在村子里碰到了，却是窘极了。

那次妈妈叫我去村西头买豆腐，谁知他也去了，正好我俩，他脸通红，呆呆地望着我不知道说什么好。我也是心怦怦跳，不知道怎么回的家。

毕业了，我考上了县一中。不知为什么，他俩都没考上。听母亲说，他跟家里闹着非去复读不可，去了，也没能如愿。最终他成了一名很出色的车工。那时他常和父亲一起下班回来。他的事情、我的事情都是通过父亲的嘴传来传去。我们都是装作有意无意地探听着彼此的消息。

后来那个冷面小生离家出走了，至今下落不明；而他呢，早已结婚生子，妻子开了一间小卖铺，也管理发。父亲常去那里找报纸看，我也跟父亲去过一次，但没遇到他。看到有我文章的报纸，他都会收起来，特意给父亲留着。

我们再不曾见面。

多年后，我也喜欢过别人，可是在我心里最真的那份喜欢一直停留在少年时期。他们的名字一直在我心里，不曾忘记。

阳光轻抚，
梦想萌芽

在梦里，我多次梦到过他们。他们在我生活的城市里，在某个地方。我们三个人又在一起了，手握在一起，再不会分开。那些年少时的美好时光像美丽的烟花次第绽放。

呵，我多想念你们，我儿时的伙伴。你们在哪儿？那些花曾美丽地绽放过，那些心曾扑腾地跳动过，那些日子却像风筝越来越远了……

第三辑
云上轻歌

生活要有一点小清新

> 每一次都在徘徊孤独中坚强,每一次就算很受伤也不闪泪光。我知道我一直有双隐形的翅膀,带我飞,飞过绝望。
>
> ——题记

清晨走在路上,脚步沉重。突然被一阵清脆的鸟鸣声牵引了视线。只见几只麻雀正站在枝头、阳台上兀自欢悦清唱,"唧唧、唧唧唧""唧唧唧、唧唧唧唧"。那样自在,那般投入,我真有点情不自禁地爱上了它们,呵,这些留守北方的冬鸟,记得它们有一个充满诗意的名字:北国鸟。当严寒席卷了大地,当冰雪覆盖了生机,当天空消失了飞痕,只有它们仍旧活跃在廊檐,它们不时地跳跃着,像永不休止的音符,弹奏着明天,歌唱着生活。张开翅膀,它们便像子弹一样射出去,打破冰封的沉寂,留下一幅幅意蕴丰厚的写意画。

不知不觉我也受到了感染,渐渐放慢脚步。

街道上热气蒸腾,香味弥漫。烟火人生里人们用手捧的温暖捂热现实里冰冷的寓言。那流淌的笑容,那期冀的眼神,还有喉咙里的咕咚声,都在热切地吟唱着生活的诗篇。他们的明天或许卑微,他们的当下或许忙碌,

阳光轻抚，
梦想萌芽

他们的岁月或许艰辛，但这并不妨碍他们暂且地放下，享受这片刻奢侈的出神，心灵的盛宴。

脚步再匆忙，心也可以宁静，抬头望云，心里装有蓝天。生活不只是眼前的苟且，还有远方和诗。让目光游离世俗，让心空灿烂澄澈。

"一帆一桨一渔舟，一位渔翁一钓钩。一俯一仰一场笑，一江明月一江秋。"这位渔翁可谓参透了人生的苦乐，俯仰之间，得失轮回，他赚得了人生况味，钓到了真正的大鱼。揽清风明月，欸乃山水之间，因了这点小清新，不似神仙胜似神仙。说到底，真正的江湖其实是在人的心海间。

唐代有个名僧，体态肥胖，大腹袒露，笑口常开，时常携一袋随处寝卧，人称"布袋和尚"。他曾说："手把青秧插满田，低头便见水中天。心地清净方为道，退步原来是向前。"是的，我们总要在黑暗中看到光明，在失意中悟得真意，在困顿中寻觅清新。这是素朴的禅理，也是人生的大智慧。

生活中的小清新是陶潜"采菊东篱下，悠然见南山"的淡然；是乐天"绿蚁新醅酒，红泥小火炉。晚来天欲雪，能饮一杯无"的情趣；是苏轼"竹杖芒鞋轻胜马，谁怕？一蓑烟雨任平生"的豁达；是解缙"门对千根竹短无，家藏万卷书长有"的机智。人生如品茗，起起伏伏，甘苦相伴，冷暖自知。似水流年里，多的是风雨，多的是烦恼，多的是折磨。生命以痛吻我，我愿回报以歌！左手倒影，右手年华。

生活可以复杂，可以简单。戏如人生，生活似水。生活太忙，握清欢在手，掬淡泊于心。忙累了，就歇一歇，随清风漫舞，看绿植摇曳；心烦了，就静一静，与花草凝眸，与山水对视；走急了，就缓一缓，和自然对话，和自己微笑。生活有序，心自无忧；记住生活，没有绝望，只有想不通；人生没尽头，只有看不透。相处时需要包容，相恋时需要真心，争吵时需要沟通，孤独时需要人陪，难过时需要安慰，生气时需要冷静，快乐时需要分享。

生活，的确需要一些小清新。

"我终于翱翔，用心凝望不害怕，哪里会有风就飞多远吧。"

天淡淡蓝，梦渐渐圆。

阳光轻抚，
梦想萌芽

南湖印雪

谁曾想到，在过了雨水的节气后，天空居然又落了一场雪，纷纷扬扬的，像是天女散花一样，给人间送来了新春的礼物。

第二天，我便迫不及待地去南湖看雪。

车渐进南湖，空气中送来一丝丝凉润的气息。云雾弥漫，亭台楼阁全笼罩在仙境中。浩渺的湖水，一半冰封，一半荡漾，真似是大自然的鬼斧神工一般，让你一面流连在冬日的深沉中，一面惊喜于春水的明静中。果然，几只野鸭子时而浮游在湖面上，时而沉潜水中，让你不由得随口而出："春江水暖鸭先知呵。"而冰上更多的水鸟活像一只只呆头呆脑的企鹅，黑压压地守望在白雪上，像苍茫的山水画上落下的一粒粒墨点。那一层白的雪，是洁白的画布，它们无意之时的种种姿态便轻巧地入了画。

那雪是沾了灵性的，于山，于湖，于树，像是女子脸上轻敷的薄粉，妩媚而灵动，增添无穷的诗情画意。此时，少有游人。天地静默，只为深情地注视这有几分姿色的雪后的妆容。柳树已经婆娑着点染出几许鹅黄的影子了，在春风里浩荡，悠闲，像轻轻唱出的曲子，像坐在秋千上悠来荡去的慵懒的女子，像小舟在湖上任意东西。春来去看柳，那准是没错的。谁能想到，看似最纤弱的柳能禁得住北风，也能敏感地在第一时间最先感知春风的温柔呢。"杨柳青青江水平,闻郎江上踏歌声。""此夜曲中闻折柳,何人不起故园情。"柳是最富有情意的。古人的折柳送别,那些富有诗意的名字,"柳如是""柳三变""柳梦梅""柳宗元",每一个都会让人浮想联翩。仍记得高中时一个柳姓男同学,身材瘦削,神清目朗,我总疑心他是从古典诗词中走出来的衣袂飘飘的书生。柔中带刚,这是柳的性格。寒雪也来侵袭它,北风也来摧折它,然而它依旧挺立,在春里透迤,在夏里婀娜,在秋里洒脱。岸边柳,枝上点点雪,那是妙玉眉间的一点朱砂,那是美女腮上的点点红晕,那是少女心上的点点忧愁。呵,这两岸的柳是湖水纤长的臂弯,将南湖轻轻揽入怀中酣眠。柳笛无腔信口吹。小时候顺手将一截嫩柳搓成柳笛憋红脸拼命吹的情景历历在目。呵,童年。

  我最喜欢的南湖的一处去处是没有名字的,然而她在我心中是鲜活的。春,夏,秋,冬,我从南来,从西来,从北来,从东来,我从不同的方向奔来看她,她始终在那里,任四季变换了颜色,任岁月凋零了青春,不温不火,从容安静,宛如美玉。

  只有冬来,才最贴近她的灵魂。

  一大片枯荷七零八落地在冰雪里歪斜,完全没有样子,不成体统,像是老去的美人,发白了,齿落了,一副迟暮的衰败气息。然而她的风骨还在。那些残叶断茎从白雪冰封的湖面上刺出,像高擎着的一把利剑,要劈开什么,斩断什么!那没有折断的黑色的莲蓬,昂着头,像圣斗士一般,仿佛时刻在吹响战斗的号角。还有那一根根光秃秃的茎,那一片片凋零的叶,它们并没有垂头丧气地叹息,而是在等待,等待春风一起,它们便将埋藏在根下的能量释放出来,蓬勃焕发出火山一般的激情,将整个湖面铺上绿色的锦绣。

  沿着木栈桥伸入她的腹地,我默默地蹲下来。湖面上有叮咚的泉音,原来是木栈桥上的雪水融化了滴落在湖面上,声音分外悦耳,仿佛天籁。

阳光轻抚，
梦想萌芽

冰破了叫醒了春天。我深深地将她们凝望，轻轻地抚摸着她们的骨架，如果我是一个丹青妙手，我定将这片枯荷画成一幅画，取名为《荷魂》。南湖的魂魄在这儿，在这片望不到边际的枯荷上，在冰河里挺立着的枯树上，在四周飒飒的芦苇上。这里没有喧嚣，有的只是思想像南飞的大雁一般，飞向远方。是的，没有什么能阻挡青春的力量。远远的是谁在哼唱："那天，黄昏，开始飘起了白雪。忧伤开满山岗，等青春散场。"呵，青春。

太阳出来了，云雾散去。在阳光中穿行，在阳光中离去，耀眼的阳光像是那一层金色的雪，深深地印在我的心上。回望雪后的南湖，像极了江南的某个小镇。天上的云白白的，南湖的雪白白的，两相映衬，分不出哪个在天上，哪个在地上。湖边还有垂钓的人，撑一根长竿，听着鸟雀的啁啾。"一帆一桨一渔舟，一位渔翁一钓钩。一俯一仰一场笑，一江明月一江秋。"人生如垂钓，得失尽淡然。呵，春秋。

南湖印雪，不啻一场自然的洗礼。

活在当下，珍惜眼前。不为昨日怅，不为明日忧。时时给心灵落一场雪，荡涤尘埃，澄澈内心。当幸福来敲门的时候，能够说：我能行。

我有一枚小小的印章：南湖印雪。